À L'AUBE
DE LA 6e EXTINCTION

Président du Muséum national d'histoire naturelle depuis 2015, Bruno David a été chercheur au CNRS et directeur de l'unité Biogéosciences à l'université de Bourgogne. Paléontologue et biologiste, il a été conduit par ses recherches à explorer l'évolution de la biodiversité à partir de modèles actuels comme fossiles. Il tient, depuis septembre 2020, une chronique sur France Culture, d'abord « Le Monde vivant » puis « Le pourquoi du comment : science ».

BRUNO DAVID

À l'aube de la 6e extinction

GRASSET

ISBN : 978-2-253-10468-1 – 1re publication LGF

Avant-propos

La science d'aujourd'hui n'est plus celle des XVIIe ou XVIIIe siècles. Une banalité que de constater que si « l'honnête homme » de ces périodes révolues pouvait prétendre à comprendre les avancées scientifiques de son temps de manière raisonnablement exhaustive, ce n'est plus possible aujourd'hui. Depuis plus de cent ans, les progrès de la science sont gigantesques, les domaines explorés se sont multipliés. L'aventure universelle de la connaissance est fabuleuse, mais, revers de la médaille, plus personne – pas même le plus savant des scientifiques – ne peut se targuer d'être le Pic de la Mirandole du XXIe siècle, d'être capable à la fois de comprendre les arcanes de la physique des particules, les mécanismes génétiques et épigénétiques qui fondent le développement d'un organisme, les turbulences des fluides mantelliques, ou encore l'évolution de la biodiversité.

Conséquence de cet état de fait, les scientifiques doivent se prêter à l'exercice de quitter leur bulle hyperspécialisée pour faire preuve de pédagogie :

transmettre, faire comprendre, simplifier sans trahir ni dénaturer. La nécessité de s'éloigner du matériau d'origine, devenu indigeste pour les non-spécialistes d'un champ disciplinaire de plus en plus étroit, ouvre la porte à des distorsions, à des interprétations reformulées et récupérées, voire à une remise en cause de la science.

Nous le savons bien, le phénomène a pris de l'ampleur avec l'essor fulgurant d'Internet et des réseaux sociaux. La diffusion de la connaissance par tous et vers tous porte en elle un germe pernicieux. Celui qui conduirait tout un chacun à revendiquer une équivalence de compétences sur la base d'une égalité en droit et d'une liberté d'accès à ces vecteurs de diffusion. Or, si l'on peut à la rigueur accepter de disposer des avis ou commentaires de tout un chacun sur tous les sujets au nom d'une légitime liberté d'expression, combien sont pertinents dès lors qu'il s'agit de science ? Comment ne pas être effaré lorsque le président d'un pays démocratique évoque « *alternative facts* » et « *fake news* » ?

Paradoxalement, au moment où la connaissance devient techniquement la plus aisément partageable, elle est aussi la plus brouillée dans un bruit de fond envahissant, fatras d'opinions qui se veulent toutes équivalentes. Comment ne pas s'y perdre ? Les prises de parole qui ont émaillé le débat public lors de la pandémie de 2020 l'ont tristement illustré.

Informations et commentaires ne doivent pas être confondus avec la connaissance scientifique dont l'élaboration répond à un cahier des charges exigeant : connaissance des savoirs antérieurs, démarche rationnelle, réfutabilité... Un tel cahier des charges engendre des contraintes qui font tout à la fois la faiblesse et la force de la science. La science n'est pas figée et porte en elle la capacité à se remettre en cause. Ce qui, aux yeux de certains, apparaît comme une faiblesse – « la science change d'avis », sous-entendu « elle n'est pas fiable » – est en réalité une force qui pousse au progrès de la connaissance, à une meilleure compréhension du monde qui nous entoure. Des exemples connus sont ceux de la bascule du géocentrisme vers l'héliocentrisme ou de la fixité vers la dérive des continents. Le premier est emblématique de la bataille entre science (faits argumentés et révisables susceptibles de donner lieu à des interprétations qui évoluent) et religion (croyances révélées et immuables), bataille qui valut à Galilée de devoir se rétracter et à Giordano Bruno d'être brûlé vif.

La confusion entre opinion et connaissance scientifique atteint un paroxysme lorsque les objets de la science font partie de l'ordinaire, du quotidien. Rien de plus banal qu'une fleur, un arbre, un insecte ou un oiseau. Tout le monde sait ce que c'est et il devient, du moins en apparence, très facile d'avoir un avis sur la manière dont fonctionnent les écosystèmes, dont la vie se comporte sur la planète tout en balayant d'un revers de main la connaissance accumulée depuis des décennies par biologistes, écologues, systématiciens...

J'appelle cela une bascule dans l'irrationnel, dans le ressenti, alors que nous avons un besoin crucial de lucidité face aux changements environnementaux qui se dessinent et qui ne pourront être surmontés que par une exigence absolue de rationalité.

Notre reflet dans le miroir

Chaque jour, nous croisons notre reflet dans le miroir et, malgré nos efforts, il est difficile de discerner à l'œil nu ce qui différencie notre visage de celui que nous observions la veille. Encore faut-il tomber sur une vieille photographie pour saisir l'ampleur des changements. Pourtant, le processus de vieillissement est bien à l'œuvre et il n'épargne aucun d'entre nous. Il a creusé des rides sur notre front, il a accentué les marques sous nos yeux, il a posé sur notre visage le masque indélébile du temps. Nous avons changé ! Mais comment avons-nous pu passer à côté de ces altérations ? Comment avons-nous pu à ce point nous aveugler ?

Ce sont les mêmes questions qui nous assaillent lorsque l'on observe le monde qui nous entoure, le monde vivant, ce que l'on appelle aussi *la biodiversité*. N'y a-t-il pas moins d'insectes dans nos campagnes ? N'entend-on pas moins les oiseaux chanter ? D'année en année, nous nous habituons à voir un peu moins d'abeilles, de fourmis, à avoir un peu plus chaud, à ce que nos paysages changent. À l'image de notre vieillissement, ce processus est une accumulation de changements imperceptibles qui nous anesthésie. Nous assistons, impassibles, à l'érosion progressive de la biodiversité, la conscience endormie par la supposée lenteur du processus. Mais que l'on ne s'y trompe pas, nous vieillissons et la biodiversité se métamorphose. Nous avons beau cacher notre portrait de Dorian Gray dans le placard, la violence de la révélation n'en sera que plus dramatique.

L'imaginaire populaire voudrait qu'une crise soit violente, immédiate et irréversible. On a tous en tête le cliché du dinosaure attendant sa dernière heure, le regard hagard, tourné vers une météorite se précipitant sur la Terre. Mais les crises ne fonctionnent pas comme cela.

Alors que les recueils de températures pour les prévisions climatiques ont commencé dès la seconde partie du XIXe siècle, ce n'est que depuis une trentaine d'années que des protocoles rigoureux de suivi de la biodiversité ont été instaurés ; ce qui explique que nos analyses du climat disposent de plus de recul. Bien sûr, l'observation de la biodiversité avait débuté bien avant, mais ce n'est que récemment que les bases de données nous permettent d'avoir un suivi temporel quantitatif et qualitatif de l'évolution de la biodiversité, y compris chez des espèces très ordinaires. Les résultats de ces études arrivent et permettent de poser de manière scientifique de nombreux constats. Par exemple, le déclin des oiseaux communs : 420 millions d'oiseaux ont disparu en Europe. Pourtant, aucune espèce ne s'est éteinte, ce n'est donc pas une affaire d'extinction mais de déclin des effectifs, de diminution d'abondance. Je m'explique : de génération en génération, il y a de moins en moins d'œufs pondus, de moins en moins d'œufs couvés de manière correcte, moins d'oisillons qui naissent, donc moins de succès à l'envol et, pour finir, de moins en moins d'oiseaux d'une génération à l'autre. Voilà comment une crise fonctionne.

En énonçant ces constats, je ne cherche à culpabiliser personne. Je ne suis ni un prophète de mauvais augure ni un homme politique et encore moins un idéologue. Je suis un scientifique, naturaliste, spécialisé en paléontologie et en sciences de l'évolution et de la biodiversité. J'ai grandi à une époque où la notion de vulnérabilité de l'environnement était beaucoup moins prégnante qu'aujourd'hui. Nous assistions aux balbutiements de cette prise de conscience. J'aurais d'ailleurs pu suivre un tout autre chemin en saisissant, à la fin des années 1970, l'opportunité offerte par une compagnie pétrolière de mener à bien une thèse de néotectonique dans les Caraïbes. Autrement dit, mes recherches auraient pu contribuer à déterminer où trouver du gaz et du pétrole. En pleine Guerre froide, l'armée ayant refusé mon sursis, j'ai opté pour une voie qui correspondait mieux à mon inclination, et j'ai finalement fait une thèse en paléontologie sur des oursins fossiles du Crétacé inférieur à l'université de Franche-Comté. À la suite d'un long parcours au

CNRS qui m'a conduit des fossiles vers les abysses, puis à la biologie marine, je préside aujourd'hui le Muséum national d'histoire naturelle.

« Émerveiller pour instruire », telle est ma devise pour le Muséum. Il convient de ne jamais oublier que certains objets suscitent une émotion considérable. Les collections du Muséum en fournissent maints exemples, comme celui de pouvoir contempler le fragment d'une météorite tombée au Mexique en 1969, la météorite d'Allende qui pesait une centaine de kilos et s'est pulvérisée en arrivant sur Terre. Cette météorite a l'âge respectable de 4 567 millions d'années, ce qui signifie que l'on peut avoir en main (avec des gants et de grandes précautions) un objet qui est 30 millions d'années plus ancien que la Terre ! Imaginez la profondeur temporelle que cela représente. Un objet plus ancien que la Terre, formé au moment de la protonébuleuse planétaire durant la période d'accrétion ayant conduit à la formation des planètes, nous est parvenu à la suite d'un improbable voyage. Il n'y avait alors que des objets plus ou moins gros s'agrégeant les uns aux autres qui allaient former des planètes, et ce fragment de météorite date de ce moment de l'histoire de notre système solaire. Une telle mise en abyme donne le vertige. Face à de tels objets, on sort de la sphère purement scientifique pour, malgré nous, être gagné par l'émotion.

Je suis convaincu que pour un scientifique, comme pour tout être humain qui s'intéresse à la planète, l'émotion est tout aussi fondamentale que la curiosité.

Si l'on n'est plus capable d'être curieux et si l'on n'est plus capable de s'émouvoir face à la nature en général, nous sommes perdus. Maintenant, cela ne se résume pas à une question de beauté ou d'esthétique. Émotion et curiosité ne suffisent plus. Il faut aussi être à l'écoute de ce que disent les sciences, au pluriel, car aucune solution n'émergera d'une seule ou d'une poignée de disciplines. Les questions environnementales seront centrales dans nos vies, que nous nous en préoccupions, avec des décisions difficiles à prendre, ou que nous ne nous en préoccupions pas. Nous n'avons plus le choix. Pour comprendre les prémices de cette sixième crise de la biodiversité, ma double formation de paléontologue et de biologiste me sert de boussole afin de mettre en relation ce qu'il se passe aujourd'hui avec ce qu'il s'est passé autrefois et de faire des comparaisons avec les crises du passé géologique de la Terre. Et il est de mon devoir, d'après ce que je sais, de dire ce qui se prépare. Une crise silencieuse qui avance à une vitesse phénoménale.

Ce livre est là pour vous faire part de mon inquiétude, mais aussi pour laisser une place raisonnable à l'optimisme.

PARTIE I

La biodiversité, qu'est-ce que c'est ?

Une définition récente pour un concept ancien

Biodiversité, biodiversité chérie ! Nous manions ce mot sans même vraiment savoir ce qu'il recouvre. J'ai remarqué que dans l'esprit de la plupart d'entre nous, le terme « biodiversité » pouvait recouvrir des perceptions diverses et être polysémique. Aussi bien des espèces emblématiques menacées, comme l'ours blanc ou le loup, qu'un foisonnement d'espèces. La biodiversité serait alors ce melting-pot de requins, chats, marmottes, arbres, fleurs, de tout ce que nous apercevons par notre fenêtre. Ou alors un ensemble d'espèces partageant le même écosystème – poissons, corail, anémones. Ou encore, une addition d'individus d'une seule espèce. Pour comprendre la crise de la biodiversité que nous sommes en train de vivre, encore faut-il s'interroger sur le concept même de biodiversité. Sa définition, ses acceptions, son histoire. De quoi parle-t-on exactement lorsque l'on évoque la biodiversité ?

Ce terme recouvre une réalité tangible qui date tout simplement de l'origine de la vie sur Terre.

Il a commencé à devenir un concept il y a plus de 30 000 ans, lorsque nos ancêtres se sont mis à peindre dans les grottes les animaux qu'ils côtoyaient. L'art rupestre nous offre ainsi les premières représentations figuratives du monde vivant. Observer, décrire le vivant traverse toutes les civilisations qui émergent à partir du Néolithique. En Occident, on retrouve le concept chez Platon ; il s'exprimera pleinement chez Aristote avec sa description et sa classification du vivant et s'enrichira de Pline l'Ancien à Ernst Mayr en passant par Buffon, Georges Cuvier, Charles Darwin ou Alexander von Humboldt parmi tant d'autres.

Si la biodiversité, en tant que concept, est une réalité très ancienne, le terme est néanmoins récent. Il a été forgé par Walter Rozen en 1986 à l'occasion d'un colloque à Washington, publié dans les actes de ce colloque en 1988, puis repris par l'Union internationale pour la conservation de la nature (UICN), avant d'être popularisé lors du sommet de la Terre à Rio en 1992, année à partir de laquelle il va se répandre dans tous les cercles des sociétés. Le vocable est donc récent, simple en apparence et il connaît un grand succès. Un succès parfois assorti de dérives sémantiques curieuses, notamment à l'oral, glissant de l'idée de *diversité* vers celle de *biodiversité* pour désigner des objets n'ayant rien à voir avec la biosphère : biodiversité des entreprises, des voitures, expressions qui sont parvenues à mon oreille.

Ainsi, dans son acception actuelle, on peut dire que la biodiversité est le tissu vivant de la planète.

Image intéressante car elle évoque le lien entre les fils de ce tissu, c'est-à-dire les liens entre individus, populations, espèces... Mais cette analogie doit être dépassée.

Biodiversités au pluriel

Classiquement, la biodiversité est observée à trois niveaux principaux. On parle de biodiversité génétique, qui recouvre la diversité des gènes de tous les organismes vivants. On parle aussi de biodiversité spécifique, qui concerne environ deux millions d'espèces décrites. Mais aussi de biodiversité écosystémique, qu'il faut comprendre comme la richesse des relations et des flux de matière et d'énergie entre les populations de différentes espèces, entre elles et avec leur environnement physico-chimique. Mais même dans ce cadre formalisé, on voit bien que le concept nous glisse entre les doigts.

Une première difficulté d'appréhension, sans doute la plus importante, est de savoir ce que l'on prend en compte. En première instance, c'est souvent la richesse, c'est-à-dire un nombre d'espèces. Combien d'espèces ai-je sous les yeux quand je parcours une forêt, une prairie ou traverse ma rue ? Cela amène cette question : combien existe-t-il d'espèces sur Terre ? À ce jour, environ 2 millions ont été scientifiquement inventoriées et décrites (et globalement, sur la planète, ce sont surtout des insectes). Mais nous sommes loin du compte. En effet, sur la base des efforts de prospection faits chaque année, on peut converger vers des estimations de l'ordre de 8 à 20 millions, avec une marge d'incertitude encore importante. En deuxième instance, on peut s'intéresser aux abondances : combien de spécimens pour une même espèce ? Mais les abondances demandent à être examinées conjointement avec la taille moyenne des individus. Démographie et biomasse sont liées : combien d'individus et combien pèsent-ils ? Prenons l'exemple de l'espèce la plus abondante sur Terre : *Euphosia superba*, la petite crevette du krill. Ce sont environ 400 millions de tonnes estimées, soit environ 200 000 milliards d'individus. Un petit poisson des profondeurs de l'océan, *Cyclothone atraria*, pourrait compter plus de 100 000 milliards d'individus. Le *Quelea quelea*, petit oiseau à bec rouge, représente près de 400 000 tonnes, soit 2 milliards d'individus. Quant à nous, *Homo sapiens*, nous pesons collectivement environ 300 millions de tonnes pour 7,8 milliards d'individus en 2020.

Une autre difficulté tient à l'échelle de taille considérée. En effet, la biodiversité renvoie aussi bien à un arbre qu'à une bactérie, un virus ou un unicellulaire complexe. Cela nous amène à prendre en compte le foisonnement microscopique. Dans un litre d'eau de mer, on peut trouver jusqu'à 10 milliards de bactéries (la population de la Terre) et 10 à 100 milliards de virus. Dans un gramme de sol, c'est similaire. On y trouve plusieurs milliards de micro-organismes, ce qui représente 7,5 tonnes de micro-organismes par hectare en France. Le compartiment microscopique de la biosphère pèse donc extrêmement lourd.

La biodiversité doit également être étudiée sous son angle génétique et, quitte à déchoir *Homo sapiens* de son piédestal, on constate vite que la taille du génome n'est pas liée à la complexité. Le génome d'un être humain compte 3 gigabases, soit 3 milliards de nucléotides ou paires de bases, chacune correspondant à un barreau de la molécule d'ADN. Chez la tulipe dont le génome a été séquencé en 2017, on arrive à 34 gigabases, soit 11 fois plus. Manifestement, la complexité d'un organisme n'est pas liée à la taille de son génome.

La biodiversité se regarde aussi à l'échelle de systèmes plus vastes : communautés, écosystèmes, biomes[1]... Ce qui importe alors c'est la complexité du réseau d'interactions qu'entretiennent les différentes composantes (espèces, variétés) du système. Par exemple, le réseau de l'ensemble des interactions trophiques (touchant à la seule alimentation) qui concerne la morue dans l'Atlantique Nord est un enchevêtrement de centaines de connexions entre quelques dizaines d'espèces seulement. Mais il est aussi possible de considérer les interactions au sein

1. Grandes entités écologiques comme les forêts tempérées, les déserts ou les récifs coralliens.

même d'un organisme. Par exemple, on dénombre 2 000 interactions entre les protéines d'un organisme aussi simple que la levure de bière. C'est dire la complexité du vivant.

Que retenir de ce panorama ? Nous disposons d'un terme simple en apparence – biodiversité – qui recouvre en réalité divers concepts relevant d'approches multiples : taxonomie, phylogénie, écologie, biogéographie, génétique... qui s'appliquent à des objets encore plus divers. Ces objets peuvent être concrètement des gènes, des protéines, des métabolites, des individus ou bien des entités opérationnelles comme les espèces, les écosystèmes, les biomes ou la biosphère. Ce que l'on peut en retenir est que derrière le terme « biodiversité » se cache une extrême complexité d'approches et de définitions, d'où une difficulté à synthétiser, à expliquer et à transmettre un message. C'est pourquoi il pourrait être tentant de parler de *biodiversités* au pluriel.

Biodiversité et climat, un match déséquilibré

En prenant en compte la difficulté à saisir la biodiversité dans toutes ses composantes, il est instructif d'engager une comparaison avec la question du climat. Ce sont deux sujets connexes, relayés vers le public, mais de manière très différente, car la biodiversité est beaucoup plus complexe. Déséquilibré, le « match » semble perdu d'avance.

Commençons par les deux instances chargées de ces questions : le GIEC pour le climat et l'IPBES, son équivalent pour la biodiversité. Le GIEC est né en 1988. Il a plus de trente ans et ses rapports très attendus se fondent sur la température de l'air, celle de l'océan, sur les trois composantes de la cryosphère (la glace des calottes polaires, les banquises océaniques et les glaciers de montagne), le niveau des mers et près de 10 000 événements notables qui vont frapper la planète chaque année. L'IPBES date de 2012 et n'a eu que 8 ans en 2020. En ordre de grandeur, ses analyses doivent intégrer quelques millions d'espèces, quelques centaines d'écosystèmes qui reposent chacun sur des milliers d'interactions, quelques dizaines de biomes et une biosphère, sans compter quelque 10 000 gènes par individu. Entre climat et biodiversité, les chiffres ne sont donc pas équivalents et ne traduisent pas la même quantité d'informations. La complexité est d'un autre ordre en matière de biodiversité, d'où la difficulté à expliquer, transmettre, prédire, agir.

Par ailleurs, il existe une différence de nature entre climat et biodiversité. Modéliser le climat mondial et anticiper son évolution est d'une incroyable complexité. Néanmoins, cette complexité reste réductible à des équations car elle repose sur des principes de physique et de chimie. Il existe donc une possibilité d'établir des trajectoires et de faire des prédictions, au moins probabilistes. La justesse de ces prédictions a d'ailleurs pu être vérifiée récemment. A contrario, pour la biodiversité, il n'existe pas de lois au sens physico-chimique, mais tout au plus des régularités dont certaines s'apparentent à des règles qui, comme toutes les règles, s'accompagnent d'exceptions. La biodiversité est donc irréductible à des équations car sa nature même fait que l'on ne peut pas généraliser : elle est soumise à la contingence, c'est pourquoi il est quasiment impossible d'établir des trajectoires. Par ailleurs, la biodiversité à un instant T, le présent par exemple, est le fruit de contraintes intrinsèques, conséquences du parcours de l'évolution biologique qui a précédé et qui font que rien n'a de sens en dehors de l'histoire. La biodiversité porte le fardeau de l'historicité qui peut seule expliquer quelques étrangetés anatomiques comme le trajet de notre crosse aortique qui, partant vers le haut du corps pour irriguer le bas, semble contraire au bon sens. Mais ce trajet s'explique dès lors que l'on sait que notre aorte est l'héritière très transformée du quatrième arc branchial d'un lointain ancêtre, un cousin des poissons, dont elle a conservé la courbure initiale.

Quant à la couverture médiatique de ces deux concepts, une étude publiée en 2018 propose une comparaison éloquente. Les évolutions du nombre d'articles, concernant biodiversité ou changement climatique, parus dans la presse grand public au Canada, aux États-Unis et au Royaume-Uni, sont fort différentes. Bien que le GIEC ait été créé en 1988, les fréquences des deux sujets restent proches jusqu'en 2000, puis la thématique « climat » prend son essor, sa couverture médiatique étant en moyenne quatre à cinq fois plus intense que celle de la biodiversité, et jusqu'à 10 fois plus lors d'événements comme les COP (*Conferences of the Parties*).

Un tel décalage s'explique en partie par les différences évoquées ci-dessus, mais aussi par le fait que, concernant le GIEC et le climat, ce sont souvent des événements catastrophiques « médiatisables », avec des causes structurellement globales facilement explicables (comme l'effet de serre), qui suscitent l'intérêt des médias. Pour l'IPBES et la biodiversité, les effets sont locaux et les questions ne deviennent globales que par agrégation. Il est beaucoup plus difficile de sensibiliser l'opinion mondiale à des enjeux qui diffèrent d'un endroit à l'autre. Cela se traduit également dans les rapports de ces deux instances. Ceux du GIEC portent sur le changement climatique de toute la planète ou sur un vaste compartiment, comme l'atteste le rapport sur l'Océan publié à l'automne 2019. À l'inverse, le premier rapport de l'IPBES de 2014 concernait les pollinisateurs (c'est-à-dire un point spécifique, même si très important) et ce n'est que celui de 2019 qui tente une approche plus générale.

Mais le vent serait-il en train de tourner ?

On constate que l'agenda politique et médiatique en cours se recentre sur la biodiversité. En 2018, il y a eu un congrès de l'IPBES à Medellín ; en 2019, ce fut la septième plénière en France. Plusieurs grands événements devaient faire de 2020 l'année de la biodiversité. La pandémie a nécessité leur report à 2021, mais leur a aussi conféré une importance accrue : congrès mondial de l'Union internationale pour la conservation de la nature (UICN) qui a notamment la charge d'établir la liste rouge des espèces menacées, COP15 de la Convention pour la diversité biologique (CDB) avec l'ambition de dépasser ce que fut la COP21 sur le climat. Le relais médiatique qui accompagne ces événements s'intensifie : on a pu ainsi entendre largement parler du déclin des oiseaux des plaines agricoles en France, de celui des insectes en Allemagne, des grands mammifères en Afrique, des mammifères ordinaires en France… mais le diable se niche dans les détails car on voit encore certains articles concernant la biodiversité rangés dans une rubrique « climat » comme dans le *New York Times* du 11 juillet 2017.

On comprend donc qu'il reste du chemin à parcourir pour sensibiliser aux questions touchant à la biodiversité, les rendre médiatisables et leur faire occuper toute leur place dans les sujets écologiques.

La biodiversité en mouvement

J'aime à rappeler que le mouvement est une caractéristique essentielle de la vie sur Terre. Tous les organismes se déplacent soit parce qu'ils sont directement mobiles – les chats, les ours, les thons, les mouches ou les écrevisses par exemple – soit parce que, à un stade de leur cycle de vie, ils sont transportés par un fluide porteur – le vent pour les pollens ou les graines, l'eau pour les larves ou le plancton – voire par d'autres organismes comme les noisettes par les loirs ou les écureuils. Ainsi, les êtres vivants se déplacent, c'est le moteur même de la survie pour beaucoup d'entre eux, que ce soit pour la recherche d'un habitat favorable riche en nourriture, l'évitement de prédateurs ou la compétition avec leurs semblables. Ces déplacements peuvent devenir des migrations lorsqu'ils s'effectuent en groupe et de manière régulière : ils sont alors des voyages aller et retour qui fascinent par leur ampleur, leur précision et leur régularité, comme chez de nombreux oiseaux, ou des allers simples comme pour les criquets migrateurs ou les lemmings. Prise dans son ensemble, la biodiversité a donc toujours bougé, que ce soit à l'échelle des individus ou à celle des populations.

Sur le temps long les déplacements sont aussi de mise. Au fil des temps géologiques, les changements dans la géographie de la Terre, les modifications du climat comme de la distribution des ressources ont conduit la biodiversité à s'adapter et donc souvent à se déplacer. Dès lors qu'une pression s'exerce, les individus ou plus généralement les populations peuvent réagir de plusieurs manières en élaborant différentes stratégies.

La première est de s'acclimater, sur place, sans bouger. Des individus d'une espèce peuvent ainsi changer leur mode de vie ou leur physiologie en l'adaptant à des conditions environnementales différentes. Un exemple bien connu est le séjour en altitude des sportifs avant une compétition. Dans un air plus raréfié qu'en plaine, l'organisme fabrique plus de globules rouges afin de maintenir un transport de l'oxygène aux tissus toujours aussi efficace. Revenus en plaine, le retour à un taux plus bas de globules n'est pas immédiat, procurant ainsi une suroxygénation des tissus, notamment des muscles. Ce processus est donc rapide et réversible. Modifier le cycle de vie (la phénologie) est une façon un peu différente de s'acclimater lorsque de nouvelles conditions environnementales perdurent. Un autre exemple bien connu est celui des dates des vendanges en France qui, au cours des 60 dernières années, ont été décalées de trois ou quatre semaines. Ce n'est pas bien sûr pour récolter des raisins immatures, mais parce que la floraison, à la fin du printemps, et la maturation des fruits sont devenues plus précoces. Toutefois, une telle acclimatation phénologique a ses limites intrinsèques.

Une autre stratégie est de suivre le mouvement, par exemple en accompagnant le déplacement des ceintures climatiques et des niches écologiques. Aujourd'hui, certains grands crabes atteignent les eaux froides qui bordent le continent antarctique, des populations stables de barracudas sont installées en Provence – ces derniers ne sont pas venus pour contempler la Côte d'Azur, mais simplement parce que la Méditerranée occidentale leur offre désormais des conditions d'accueil propices à leur survie. Un réchauffement intense affecte plusieurs vastes zones du monde austral. Dans les îles subantarctiques des archipels de Crozet et des Kerguelen, des espèces introduites accidentellement s'installent largement, entrant en compétition avec faunes et flores locales. C'est le cas du pissenlit et d'un coléoptère dont les progressions sont suivies par un programme de recherche de l'Institut polaire français Paul-Émile Victor. On pourrait objecter que croiser des barracudas en Provence ou avoir des prairies fleuries aux Kerguelen ne sont pas de gros problèmes, mais certains changements pourraient faire vibrer une corde plus sensible, du moins chez les Français. En effet, les viticulteurs commencent à regarder très sérieusement vers l'Angleterre pour y investir et y produire...

du champagne. Géologiquement parlant, le Bassin de Paris est en réalité un unique bassin sédimentaire dit Anglo-Parisien et les mêmes terrains crayeux se retrouvent symétriquement de chaque côté de la Manche. Ajoutez à cela une pincée de réchauffement et la Champagne aura migré au sud de Cambridge.

Parfois, les déplacements induits confinent au jeu de billard, certaines espèces, une fois déplacées, mettant en péril les habitants des contrées où elles atterrissent. La fièvre catarrhale touchait les ruminants sauvages d'Afrique ainsi que les animaux d'élevage locaux, en particulier les moutons. Elle est due à un virus transmis par un moucheron du genre *Culicoides*. Malgré une incursion de temps à autre en Europe du Sud, elle était bien circonscrite. Mais voilà, le moucheron, profitant de températures en hausse, a migré vers le nord, en Europe, où il est entré en contact avec d'autres espèces de *Culicoides* à qui il a transmis le virus. Ces moucherons d'Europe du Nord se sont ensuite chargés d'étendre la zone concernée jusqu'en Angleterre.

Toutefois, ces deux stratégies doivent aussi être regardées à l'aune des interactions entre espèces car elles peuvent conduire à des déphasages, spatiaux ou temporels, qui mettent en péril l'un des partenaires. Ainsi, les manchots royaux des îles Crozet dans le sud de l'océan Indien vont chercher loin en mer, vers les eaux très froides du sud, les poissons indispensables pour nourrir leurs poussins. Mais les années les plus chaudes, de nombreux poussins finissent par mourir de faim parce que les adultes sont contraints d'aller chercher leurs proies de plus en plus loin au sud et que le temps qu'ils mettent à parcourir ces distances est incompatible avec le nourrissage des jeunes. Autre exemple : les mésanges bleues alimentent leurs petits avec des chenilles et leur période de reproduction, comme celle de l'éclosion des œufs, est calée sur le pic d'abondance des chenilles. Dans les forêts du Languedoc, le réchauffement a conduit à un avancement de la présence des chenilles, mais pas de la phénologie des mésanges, d'où un déphasage partiel qui induit une baisse des succès à l'envol chez ces oiseaux et donc à un déclin de leurs populations.

Sur le temps long, les migrations peuvent être très importantes et bouleverser la biogéographie de certaines espèces. Il y a 55 millions d'années, s'est produit un réchauffement brutal de la planète que l'on désigne comme le *Paleocene Eocene Thermal Maximum* (PETM) et qui est souvent pris comme un analogue à ce qui se produit aujourd'hui. Parmi les impacts biologiques du réchauffement du PETM (modification des écosystèmes, extinctions…), on a identifié les migrations fauniques d'un petit primate, *Teilhardina*. Ce petit primate vivait dans les forêts de la Sibérie de l'époque, bien plus chaude qu'aujourd'hui. Le PETM a ouvert des corridors forestiers, notamment au niveau de l'isthme de Béring qui permettait alors de passer à pied sec de l'Asie à l'Amérique du Nord. *Teilhardina* a pu ainsi migrer le long de ces corridors et coloniser d'autres continents. Le *Teilhardina* a migré pendant 25 000 ans, passant de la Sibérie à l'Amérique, puis à l'Europe, et au fil de ses déplacements l'espèce initiale s'est différenciée, et a été à l'origine d'autres espèces de ces petits lémuriens.

Ce tour d'horizon de différents types de mobilité montre bien que le mouvement fait partie intégrante de la biodiversité, et qu'il n'existe pas de vie sans lui.

Un objet à rendre dans sa complexité

Les pages qui précèdent attestent que la vie est un objet complexe qui, selon les cas et les situations, doit être perçu comme relevant de beaucoup de spécificités et d'assez peu d'universaux qui permettraient de réduire les questions à des modèles simples. En d'autres termes, il existe peu de règles générales et il faut accepter la complexité et les idiosyncrasies de chaque communauté, espèce ou système vivant. Cela signifie qu'il n'y a pas d'approche exhaustive possible. Ainsi, j'aimerais insister sur la modestie qui doit être la nôtre face à la biodiversité. Nous sommes devant un objet dense qui doit nous inciter à l'humilité sans pour autant nous paralyser. Même si l'on ne peut pas généraliser, il est possible d'agréger des études de cas pour tendre vers des synthèses et construire une image globale : une construction à la manière d'un tableau impressionniste constitué d'une multitude de petites touches qui ne font sens que prises dans leur ensemble. Il faut apprivoiser le concept, comme un animal sauvage, le cerner, s'en approcher pour le saisir dans toute sa richesse. Telle est la méthode que je me propose d'adopter pour partager mes connaissances avec vous.

Partie II

Quel usage faisons-nous de la planète et de sa biodiversité ?

Vie quotidienne

Si l'on veut apprivoiser ce concept de biodiversité, il faut l'appréhender en termes concrets, s'intéresser à nos comportements de tous les jours, et essayer de comprendre quel usage nous avons de la planète. Comment boit-on ? Que mange-t-on ? Comment se déplace-t-on ? Comment nous reproduisons-nous ? Comment consommons-nous ? Comment occupe-t-on les espaces ? Comment se chauffe-t-on ? Se refroidit-on ? Autant de questions concernant la manière dont nous nous comportons sur Terre. Le matin, nous nous levons, nous prenons une douche, nous accompagnons nos enfants en voiture à l'école, nous prévoyons de prendre l'avion pour partir en vacances, nous nous chauffons dans nos bureaux en hiver, nous utilisons de la climatisation dans nos bus en été, nous avons recours à l'électricité pour charger nos téléphones, et ainsi de suite, tout au long de nos journées et de nos vies. Comme tous les êtres vivants, nous exerçons une pression sur la planète, simplement avec des impacts plus importants. C'est donc en questionnant nos comportements quotidiens que nous serons en mesure de les faire évoluer et d'influer différemment sur la biodiversité qui nous entoure et au crédit de laquelle nous vivons.

L'énergie : une question de centrales

Dans notre quotidien, la question énergétique est absolument centrale et elle peut être abordée sous des angles multiples, mais les sources d'énergie ne sont pas si nombreuses, du moins dans leurs grandes lignes. En ce début de XXIe siècle, nous disposons de l'énergie tirée des mouvements des fluides que sont l'eau et l'air : barrages, moulins, éoliennes, hydroliennes…, de l'énergie qui nous vient directement de sources de chaleur : solaire et géothermie, et de l'énergie fossile accumulée depuis des millions d'années dans les roches : uranium, lignite, charbon, pétrole, gaz pour l'essentiel. Lorsqu'il s'agit de biodiversité, c'est l'énergie fossile qui est au cœur de la question.

Au cours des temps géologiques, des plantes, des algues ou des micro-organismes ont utilisé, via la photosynthèse, de l'énergie solaire pour vivre et fabriquer de la matière organique en piégeant le gaz carbonique atmosphérique. À son tour, cette végétation a pu se transformer en charbon, pétrole ou gaz au fil des millions d'années. Et nous, au bout de la chaîne, exploitons ces ressources afin de les utiliser comme combustibles et ainsi produire de l'énergie. Cette énergie est transformée en mouvement (dans les véhicules), en chaleur, lumière, et sa production s'accompagne de la libération dans l'atmosphère de gaz carbonique. Ce qui se joue schématiquement est la mise en route d'un deuxième soleil, un soleil fossile que l'on aurait réveillé. Un soleil revenu des temps géologiques et qui avait, en son temps, permis la luxuriance des plantes dans des marais et lagunes (à l'origine du charbon) ou le foisonnement du plancton marin (à l'origine du pétrole).

En France, notre consommation d'énergie primaire (dite à climat normal, c'est-à-dire corrigée des fluctuations interannuelles) reste globalement assez stable depuis plusieurs années, autour de 260 Mtep (millions de tonnes équivalent pétrole), mais avec des infléchissements dans les sources. Le charbon a régressé (– 54 % entre 1990 et 2018), le pétrole est aussi en baisse (– 17 %), le nucléaire s'est accru d'un tiers, le gaz de 44 % et les énergies renouvelables ont doublé. À l'issue de ces évolutions sur 30 ans, en 2018, dans nos consommations d'énergie, le nucléaire arrive en tête avec 41 %, suivi du pétrole (29 %), du gaz (15 %), des énergies renouvelables (11 %, la biomasse et l'hydraulique comptant pour 6,6 %), le charbon fermant la marche avec seulement 4 %. Cet empilement de chiffres un peu austère a une traduction concrète, la diminution des émissions de CO_2 par habitant a été de 30 % depuis 1990 (en 2018 elle était de 4,7 tonnes/habitant).

Si l'on sort de France, les tendances ne sont plus les mêmes. Selon l'Agence internationale de l'énergie, la consommation d'énergie primaire a doublé en 40 ans et elle porte à 80 % sur des énergies fossiles. Dans l'ordre : pétrole, charbon et gaz naturel. Cette tendance traduit le développement de pays émergents qui accèdent à de meilleures conditions de vie. Pourtant, les énergies renouvelables ne sont plus une lubie pour écolos utopiques. En Grande-Bretagne, au troisième trimestre 2019, la production d'électricité issue de sources renouvelables, en particulier l'éolien en mer, a dépassé celle produite par les hydrocarbures (29,5 contre 29 térawatts-heure). Certes, la période était estivale sans besoins de chauffage, certes, il n'est question que de l'électricité, mais quand même. Aurait-on imaginé un tel scénario il y a 20 ans ?

On peut aussi aborder la question de l'énergie du point de vue de nos objets du quotidien car chacun a un coût énergétique pour être produit, transporté et utilisé. Un bâtiment, par exemple, c'est souvent du ciment, de l'acier, de la pierre, plus rarement du bois, de la place et de l'énergie pour son chauffage, son éclairage, voire sa climatisation. Donc ce type d'objet a un gros impact. Un impact qui nous est nécessaire, mais qui peut être réduit considérablement. Les bâtiments de haute qualité environnementale, voire à énergie positive (pour leur fonctionnement) en témoignent. Mais à l'inverse, quand on pense à ces magasins chauffés qui restent toutes portes ouvertes en hiver pour attirer le chaland, aux terrasses extérieures chauffées, ou à la climatisation intempestive en Amérique du Nord. Quelle gabegie ! On dépense de l'énergie et chaque fois on aggrave le problème. Quand on est deux et que l'on vit dans 200 m^2, on est en droit de se demander si c'est vraiment nécessaire. Cela amène à se poser la question du mode de vie qui confine parfois au consumérisme. Les moyens économiques dont je dispose justifient-ils tout ? Dois-je nécessairement m'acheter un énorme 4 × 4, uniquement parce que j'ai les moyens de le faire ? Cette question, théorisée par Thornstein Veblen sous la formule « consommation ostentatoire », est centrale mais insoluble car elle touche à notre liberté individuelle. Personne, ou presque, disposant de moyens importants, ne voudra habiter volontairement dans 25 m^2. Nous sommes tous en prise avec ces dilemmes. Mon grand-père avait cinq chemises. Lorsque j'ouvre mes placards je vois que j'en possède cinquante. Pourquoi ? Certes, je me change plus souvent, mais si j'en avais un peu moins, mon quotidien n'en serait pas bouleversé. Combien de paires de chaussures, combien de téléphones avons-nous ? Nous sommes tous tentés par cette course à la possession. D'autant plus que l'incitation à consommer est le fondement de notre économie.

Si l'on considère l'énergie dévolue aux transports, on sait que les émissions de CO_2 qui leur sont liées ont été multipliées par 3 000 depuis 1760. On peut bien évidemment objecter qu'il n'y avait pas de voitures au XVIIIe siècle, mais ce chiffre reste néanmoins édifiant. Prenons l'exemple des jeans. Au fil de leur processus de confection et avant de parvenir dans notre armoire, ces pantalons parcourent en moyenne 50 000 kilomètres. Cela représente 30 kilogrammes de CO_2 injectés dans l'atmosphère ; sans compter qu'il faut 8 000 litres d'eau pour fabriquer un jean. Sachant qu'il s'en vend 60 par seconde sur Terre, cela représente 3 millions de kilomètres parcourus par seconde pour l'ensemble des jeans vendus. Un autre exemple intéressant est celui des chemins de fer suisses qui ont construit récemment un bâtiment à Zurich. Ils ont décidé de revêtir les façades de pierres. Pour ce faire, ils ont choisi des pierres venant d'une carrière du sud de l'Allemagne. Pourquoi pas ! Ce revêtement a nécessité 22 000 m^3 de pierres. Seulement, lorsqu'il a fallu faire polir les pierres, le choix s'est porté sur une entreprise chinoise et les 50 000 tonnes de pierres ont donc parcouru 43 000 kilomètres. Un troisième exemple, suisse lui aussi, concerne de l'air en bouteille. Une entreprise met en bouteille de l'air pur des Alpes, censé être bon pour la santé. Une fois comprimé, chaque bouteille en renferme 9 litres et est vendue 20 CHF en Asie notamment. Rien n'interdit ce commerce, mais rien n'interdit non plus d'en souligner l'absurdité. En effet, ces 9 litres d'air des Alpes ne représentent que quelques inspirations, au plus une dizaine si le même air est inspiré plusieurs fois, alors que nous inspirons environ 40 000 fois chaque jour. Force est de constater qu'il faudrait investir 80 000 CHF pour bénéficier d'une journée d'air pur ! Ce sont deux exemples isolés, mais parfaitement représentatifs de l'absurdité de l'énergie gaspillée en transports.

Des transports tous azimuts

De la question de l'énergie découle naturellement celle des transports. Par transports, on entend déplacement d'un endroit vers un autre. Cela concerne des entités naturelles, comme les animaux et les plantes, mais aussi nous-mêmes ou nos marchandises. Sur ce dernier point, une entreprise comme Amazon qui a bâti son phénoménal succès sur le déplacement massif de toute sorte de marchandises d'un continent à l'autre est une véritable nuisance écologique. À l'heure où le coronavirus a frappé à nos portes, beaucoup ont été séduits par cet accès à une offre très vaste, y compris pour des produits pas tous indispensables, sans nécessairement réaliser la pression que ce type de commerce fait subir à la planète.

L'espèce humaine se caractérise, entre autres, par une insatiable envie de bouger. Elle va même sur la Lune ! Cela remonte à nos lointains ancêtres qui se sont progressivement aventurés hors d'Afrique pour aller explorer d'autres continents. Ces déplacements ont longtemps concerné des effectifs réduits et pour des distances annuelles cumulées extrêmement faibles. L'impact a commencé à se faire sentir à l'époque des grandes découvertes, mais il n'est véritablement devenu majeur qu'à partir du XIXe siècle, avec l'industrialisation. Pour simplifier, les effets des transports sur la biodiversité peuvent être rangés en deux catégories : 1) ceux dus aux infrastructures, leur emprise, leur rôle de barrière ou, à l'inverse, le potentiel de dispersion qu'elles représentent ; 2) ceux associés aux moyens de transport, c'est-à-dire aux véhicules que sont les bateaux, avions, voitures, camions…

Les infrastructures nécessaires à nos transports sont très diverses et leurs conséquences sur la biodiversité parfois inattendues. La plus visible est celle de leur emprise, c'est-à-dire des surfaces couvertes. En France, ce sont 40 000 kilomètres de routes, petites ou grandes, 32 000 kilomètres de voies ferrées. Au total, cela représente environ 1 % du territoire qui est goudronné pour les routes (sans compter les rues des villes). En 2018, la SNCF indique que 15 000 trains circulent chaque jour sur le réseau. Le transport maritime, quant à lui, représente 80 % des échanges mondiaux de marchandises, mais son emprise est proportionnellement beaucoup plus faible car réduite aux espaces portuaires. Certes ceux-ci s'étendent sur de vastes domaines, à l'image du port de Rotterdam, le plus important en Europe et le second au monde, qui s'étire sur 42 kilomètres et couvre 124 km^2, ou de celui d'Anvers qui totalise 130 kilomètres de quais. En France, les 11 grands ports nationaux (7 en métropole, 4 en outre-mer) gèrent aussi de grands domaines qui peuvent être l'objet de démarches environnementales à l'instar de ce qui se fait à Dunkerque : assainissement des eaux de ruissellement, réduction des émissions de gaz à effet de serre. Comme quoi, des efforts sont faits. Enfin, les aéroports occupent également des surfaces importantes (200 km^2 pour l'ensemble des aéroports auxquels s'ajoutent 160 km^2 pour les aérodromes) : les pistes et aires de circulation des avions, mais aussi les zones périphériques, le plus souvent aménagées en prairies, qui sont clôturées pour des raisons de sécurité et qui sont de potentiels espaces pour la préservation de la biodiversité, à condition que cela reste compatible avec l'exploitation de l'aéroport. Une dizaine d'aéroports français se sont ainsi engagés, dans le cadre de l'association Aéro-biodiversité, à améliorer leurs pratiques de gestion afin de mieux connaître et préserver la biodiversité.

Mais au-delà des surfaces couvertes, la trame formée par les infrastructures linéaires que sont les routes et les voies ferrées contribue à la fragmentation des espaces et donc des populations. Cet impact peut être apprécié par un indice qui est la longueur des infrastructures rapportée à la surface du territoire concerné ; un indice en kilomètres par kilomètre carré. Dans la région qui entoure les grands lacs canadiens, on a pu observer un déclin de 25 % de l'élan et une disparition du loup dès que l'indice dépasse 0,5 km/km^2. Une telle densité de routes, pourtant faible (elle dépasse 6 km/km^2 aux Pays-Bas), perturbe leur environnement et restreint leur capacité de déplacement; ces animaux changent donc leur comportement et se déportent vers les zones plus sauvages qui existent encore largement au Canada. Mais cette fragmentation est surtout redoutable pour les organismes de petite taille pour lesquels il reste très difficile de traverser une route dont la surface artificielle est inhospitalière. Une étude a été conduite chez des insectes marcheurs (des carabes) dans le contexte de boucles de parking de part et d'autre d'une autoroute. On a pu mesurer la fréquence des échanges entre les aires « naturelles » ainsi disjointes par les espaces goudronnés. Par comparaison avec ce qu'il se passe dans les aires adjacentes, les échanges sont quasiment nuls de part et d'autre de l'autoroute et réduits d'un facteur 10 au niveau des parkings.

On peut à juste titre objecter que, hormis quelques individus écrasés par les véhicules, de telles infrastructures sont de simples obstacles à la libre circulation de ces insectes et ne mettent pas en péril l'espèce. Ce serait oublier un paramètre important, celui de la diversité génétique. Dès lors que des sous-populations à petits effectifs s'isolent, comme nos carabes dans les boucles du parking, le simple tirage au hasard de l'expression de certains gènes (la dérive génétique) peut conduire à l'extinction de certaines expressions au profit d'autres : certaines expressions génétiques s'éteindront tandis que d'autres seront présentes chez 100 % des individus. La modélisation mathématique de cette dérive génétique montre que pour un effectif inférieur à 50 individus les probabilités d'appauvrissement deviennent fortes. Cela implique que cette sous-population, devenue plus homogène, aura un potentiel adaptatif diminué par rapport à celui de la population d'origine et qu'en cas de stress (froid, canicule, sécheresse...) elle risque de ne pas survivre.

D'autres impacts des transports sur la biodiversité se comptent en termes d'émission de gaz à effet de serre, de pollution et de dispersion.

Prenons l'exemple des voitures. En 1950, les véhicules polluaient beaucoup – alors que j'étais encore un nourrisson, la Traction Avant de mes parents consommait en gros 12 litres aux 100 kilomètres – mais ces véhicules étaient peu nombreux, surtout à l'échelle de la planète, car des pans entiers en étaient dépourvus. Aujourd'hui ils polluent moins, mais il y en a considérablement plus. L'un dans l'autre, l'impact environnemental imputable au transport routier s'est accru. Ainsi en France, entre 1980 et 2019, le nombre de véhicules en circulation a quasiment doublé en passant de 21 millions à 40 millions. Il faut s'interroger sur le moyen de transport que l'on adopte quand on constate que dans une région de nature assez rurale, sans grande métropole, comme le Poitou-Charentes, la distance médiane pour se rendre sur son lieu de travail est de 7,6 kilomètres (données de l'INSEE pour l'année 2012). C'est-à-dire que la moitié des déplacements sont inférieurs à cette valeur et pourraient donc être effectués autrement qu'en voiture, utilisée pour 82 % des trajets.

Au total, les voitures particulières et poids lourds qui sillonnent la France y parcourent chaque année environ 450 milliards de kilomètres et pèsent pour 41 millions de tonnes de pétrole. Depuis 2004, le nombre de kilomètres parcourus par une voiture particulière en France reste sensiblement stable, autour de 13 000 km/an. Toutefois, le nombre de véhicules ayant augmenté, le kilométrage total a progressé de plus de 10 % ces 15 dernières années. Sur la même période, le parc des poids lourds immatriculés en France s'est accru de 14 %. Cela répond à un besoin de transport de marchandises qui s'opère à 88 % par la route.

Lorsque l'on considère la répartition de la consommation de pétrole en France en 2016, les transports atteignent 60 % et le volume global de gaz à effet de serre imputable aux transports est en hausse malgré les gains d'efficacité énergétique des véhicules (+ 8 % entre 1990 et 2017). Ayons en tête que pour un voyage de deux personnes, le coût CO_2 moyen par passager est 27 fois plus important en voiture que par le train à grande vitesse, mais aussi presque deux fois moins que par avion.

On peut noter qu'à l'échelle mondiale cette part des transports est proportionnellement bien plus faible (24 %) car la production d'électricité s'y fait surtout à partir de charbon ou de gaz. Quoi qu'il en soit, les émissions de CO_2 dues aux transports ont une incidence manifeste sur le réchauffement climatique et l'impact de ce dernier sur la biodiversité se traduit par des migrations, des acclimatations, voire des extinctions locales.

Les véhicules sont également à l'origine d'autres émissions polluantes qui peuvent affecter la biodiversité : dioxyde de soufre (SO_2), oxyde de carbone (CO), monoxyde et dioxyde d'azote (NO et NO_2), composés organiques volatils, microparticules ou cuivre. Toutes ces pollutions sont en forte ou très forte diminution depuis la fin du siècle dernier, sauf le cuivre, qui provient des plaquettes de frein, en hausse de 20 %.

Une autre source de pollution chimique liée aux transports routiers concerne les pays du Nord et l'utilisation de sel lors d'épisodes de neige ou de gel. Le salage des routes, même de mieux en mieux contrôlé, reste souvent excessif, produisant une sursalure au moins temporaire dans des cours d'eau ou dans les lacs comme au Canada. Une conséquence imprévue du salage est de favoriser la dispersion d'espèces au-delà de leur aire d'origine. Ainsi, une espèce de *golden rod*, petite plante arbustive à fleurs jaunes d'Amérique du Nord, est halophile, c'est-à-dire qu'elle affectionne les sols salés des zones humides littorales. Depuis plusieurs années, on a observé qu'elle étendait son aire de répartition vers l'intérieur des terres en suivant les bords de routes salées en hiver jusqu'à se retrouver dans l'État du Michigan fort éloigné de la mer.

À ces pollutions (gaz divers, microparticules ou sel), s'ajoute la production de déchets divers qui, accumulés, affectent les sols, la flore ou la faune. On peut penser aux carcasses de voitures et même de vélos (Chine) empilées en monticules anarchiques ; on peut également évoquer les pneus usagés qui s'entassent dans les campagnes (l'Agence de l'environnement et de la maîtrise de l'énergie, ADEME, estime ce stock à 600 000 tonnes), s'embrasent parfois, se retrouvent ingérés par le bétail ou, plus souvent, servent de nursery à moustiques. En France, la filière industrielle du pneu s'est engagée en 2019 à récupérer et à recycler ces pneus. Mais, plus loin de nous, ils continuent de générer des problèmes de santé publique, y compris comme facilitateurs de la diffusion de la malaria.

Les avions sillonnent la planète en tous sens et sont fort commodes pour parcourir de longues distances. Mais nous venons de voir qu'ils émettent des volumes importants de gaz à effet de serre pour chaque kilomètre parcouru. Il faut dès lors s'interroger sur le coût des transports aériens qui est parfois ridiculement faible. En mars 2020, à l'heure où j'écris ces lignes, un aller simple Paris-New York s'affichait au prix de 130 euros sur le site d'une compagnie *low-cost* ! Soit, pour faire 5 800 kilomètres, à peine plus de deux centimes du kilomètre ! Et le tarif le moins cher enregistré en 2019 était même de 53 euros. Ce type de tarif est sans aucun doute une incitation positive à découvrir le monde, à approcher d'autres cultures, à s'ouvrir vers plus de partage, si nécessaire à la paix. En cela, c'est une très bonne chose. Corrélativement, il exerce aussi une tentation à polluer et à contribuer fortement, et pour pas cher, à la dégradation de la planète. Est-il raisonnable de poursuivre sur cette voie ? D'ailleurs les Pays-Bas ont proposé en 2020 une législation qui mette un terme aux lignes aériennes pour lesquelles une alternative de moins de trois heures existe, initiative reprise par la France récemment.

Quant au trafic maritime, il est assuré par 90 000 bateaux qui, en 2014, ont transporté 9 800 millions de tonnes de marchandises dans 17 millions de conteneurs standard (équivalent 20 pieds ou EVP), soit le volume de 2 100 tours Montparnasse transportées d'un océan à l'autre. Depuis quelque temps, des tentatives de propulsion de cargos par le vent commencent à voir le jour. Cela paraît un retour vers le passé. Pourtant le vent représente une énergie renouvelable, abondante en mer, et imaginer des cargos à voile pour économiser du carburant semble une idée intéressante. Outre les émissions de gaz à effet de serre, le trafic maritime s'accompagne de pollutions en mer (naufrages, dégazages, pertes de conteneurs et de leur contenu). Du fait de leur ampleur, nous nous souvenons surtout des marées noires, mais le bruit de fond annuel de déversement d'hydrocarbures s'élève de deux à trois millions de tonnes (dégazages et fuites).

Les marées noires sont les événements les plus marquants. Sur nos côtes : *Torre Canyon* en 1967, *Amoco Cadiz* en 1978, *Erika* en 1999, *Prestige* en 2002, mais aussi *Exxon Valdez* en Alaska (1985) ou la plate-forme *Deepwater Horizon* dans le golfe du Mexique (2010). À chaque catastrophe, ce sont plusieurs centaines de milliers de tonnes de pétrole qui s'échappent (jusqu'à 230 000 pour l'*Amoco Cadiz*). Le scénario d'une marée noire se déroule en trois phases : une phase paroxysmale d'étalement du pétrole qui provoque la mort par empoisonnement de nombreux organismes marins ; une phase de stabilisation au cours de laquelle la toxicité décline, puis une phase de cicatrisation des écosystèmes qui sont recolonisés. La première phase est brève, la deuxième dure environ un an et la troisième couvre une dizaine d'années. Outre le volume déversé, la nature du pétrole joue aussi un rôle important sur l'impact environnemental d'une marée noire, les bruts les plus légers étant les plus toxiques. Ainsi, dans le cas de l'*Amoco Cadiz* en 1978, ce sont plus de 20 000 oiseaux tués, 25 millions de petits organismes vivant sur le fond (vers, mollusques, crustacés, oursins…) morts sur 360 kilomètres de côtes, sans parler des conséquences sur la pêche et l'aquaculture. Au total, ce seront 70 000 tonnes évaporées, 40 000 tonnes dispersées dans l'eau jusqu'à une cinquantaine de mètres de profondeur, 90 000 tonnes mélangées aux sédiments, 10 000 tonnes dégradées par les bactéries. En adoptant une vision optimiste, on constate que la capacité de résilience des écosystèmes face à des événements aussi graves est étonnante. Pourvu qu'une autre catastrophe ne s'ajoute pas à la première, les espèces opportunistes s'installent en moins de deux ans avant que les espèces moins tolérantes et jusqu'aux plus sensibles ne les rejoignent. La biodiversité marine se réinstalle totalement en une dizaine d'années. Donc cela va assez vite.

Les conséquences des transports sur la biodiversité prennent aussi des formes plus marginales. Les collisions avec de grands animaux sur les routes (33 378 accidents déclarés en France en 2008), dans les airs, collisions entre oiseaux et avions ou insectes sur nos pare-brise, ou en mer, collision entre bateaux et grands cétacés. Toujours en mer, une conséquence positive est celle que représentent les épaves de bateaux qui se transforment en véritables oasis de biodiversité, d'autant que le chalutage n'y est pas possible.

Conséquences inattendues des transports

L'espèce humaine construit des routes, des canaux, des véhicules divers et, ce faisant, induit des déplacements volontaires ou involontaires d'autres espèces. Cette dynamique induite par nos infrastructures comme par nos véhicules est sans doute celle qui a le plus d'impact, avec souvent des conséquences inattendues. Parmi ces déplacements, on peut différencier les voyageurs actifs – des organismes mobiles empruntent les infrastructures mises à leur disposition – des voyageurs passifs – des organismes qui sont volontairement déplacés par l'Homme – ou encore des passagers clandestins – des organismes qui sont déplacés incognito, sans que nous en soyons conscients.

Pour illustrer le premier cas, l'exemple des canaux est édifiant. Les gammares sont de petits crustacés qui vivent dans les rivières et les fleuves européens. En Europe de l'Ouest, il s'agit de l'espèce *Gammarus pulex* dont se régalent les truites ; dans le delta du Danube vivait une autre espèce, *Dikerogammarus villosus*, adaptée à des eaux un peu saumâtres. Après la Seconde Guerre mondiale, l'intensification de l'agriculture et l'apport d'engrais dans les champs bordant le Danube ont permis à *D. villosus* de progressivement remonter le cours de ce fleuve entre 1945 et 1990. Puis, brusquement, en 1992, intervient en Allemagne l'ouverture du canal à grand gabarit Danube-Main-Rhin. En quelques années, le gammare de l'Est s'est installé dans tout le réseau hydrographique ouest européen. Il y a introduit un véritable déséquilibre car il est un prédateur des autres petits crustacés, à tel point qu'il est qualifié de « crevette tueuse ». Une autre espèce invasive de gammare perturbe aussi nos écosystèmes. Venu des Balkans il y a plus d'un siècle, *Gammarus roeseli* concurrence *G. pulex* car, pourvu d'épines, il est plus difficilement consommé par les truites et, de surcroît, il se laisse préférentiellement dériver dans le courant la nuit alors qu'il y a moins de prédateurs, bénéficiant ainsi d'un double avantage sur l'espèce indigène.

Ferdinand de Lesseps offre un autre excellent exemple de déplacements dus à des structures construites par l'Homme. En faisant creuser le canal de Suez, il n'anticipe pas que des animaux vont prendre le canal soit comme voyageurs actifs, soit en passagers clandestins des bateaux qui y circulent. Chaque année, on dénombre de cinq à dix espèces supplémentaires qui, transitant par le canal de Suez, viennent s'installer en Méditerranée orientale. À tel point que, désormais, les scientifiques s'accordent pour désigner cette province biogéographique comme la province lessepsienne. Depuis la mise en service du canal en 1869, plusieurs centaines d'espèces, nouvelles en Méditerranée, se sont installées de manière permanente, devenant les migrants lessepsiens. Depuis peu, avec le réchauffement des eaux, certains ont franchi le détroit siculo-tunisien et sont présents en Méditerranée occidentale. Il y a une dizaine d'années, on a ainsi observé à proximité de Nice des « poissons-lapins » (espèces du genre *Siganus*) qui broutent les algues et transforment les écosystèmes sur leur passage. On voit donc bien comment les infrastructures créées par les hommes influent sur la biodiversité et comment cette biodiversité emprunte les infrastructures qu'on lui offre.

Régulièrement, les hommes se prennent pour des démiurges et jouent à maîtriser la biodiversité en déplaçant volontairement des espèces d'un endroit à l'autre de la Terre. Certains de ces déplacements sont formidables et je suis très heureux d'avoir des tomates, des pommes de terre, courgettes et haricots, toutes plantes venues d'Amérique, dans mon potager. D'autres cas sont moins glorieux. Un exemple bien connu est celui de l'Australie, lieu de diverses initiatives déplorables, un autre concerne les îles Kerguelen. Avant 1772, date de la découverte de ces îles, cohabitaient sur ces terres australes des plantes très particulières, les azorelles, avec des choux, des albatros, des manchots, des éléphants de mer, etc. Puis, avec les bateaux sont arrivés de manière involontaire des souris et des rats. Ces derniers ont exercé une pression de prédation sur les oiseaux qui, dans ces îles dépourvues d'arbres, nichent au sol, en mangeant leurs œufs. En guise de réserve alimentaire pour d'éventuels naufragés, des lapins ont été volontairement introduits en 1874. Ces lapins, comme il y avait peu de prédateurs, se sont multipliés à foison (il y a quelques années, j'en ai personnellement sans bouger les pieds dénombré une quarantaine dans mon champ de vision) tout en se régalant de toutes sortes de plantes et en provoquant une intensification de l'érosion. Afin de réguler la prolifération des lapins et celle des rats, ont alors été introduits des chats. Mais ces chats ont trouvé plus facile de manger aussi les oiseaux nicheurs, en particulier les pétrels. Lorsque les pétrels ont fini par décliner dans l'île principale, les chats se sont aussi nourris de rats. Aujourd'hui, sur cette île il y a moins d'oiseaux, moins d'azorelles et de choux, plus de rats, plus de lapins, plus de chats et plus d'une petite plante rase, *Acaena magellanica*. Un nouvel équilibre de la biodiversité s'est installé.

Prenons un troisième exemple de voyageurs passifs, celui du transfert expérimental de lézards sur l'îlot de Pod Mrcaru situé sur la côte de l'actuelle Croatie. En 1971, des scientifiques curieux – voire de curieux scientifiques – y ont implanté l'espèce *Podarcis simula* afin de suivre son écologie. Mais la guerre qui a frappé les pays émergents de l'ex-Yougoslavie a interdit aux scientifiques d'y retourner avant 2007. Ils découvrent alors plus de mille individus bien installés sur l'île. L'espèce native a été supplantée par les lézards introduits qui ont, par ailleurs, changé. Les conditions trouvées sur l'île ont conduit à un changement de leur régime alimentaire qui s'est traduit par des évolutions morphologiques : leur tête est devenue plus grosse, leur estomac s'est modifié, et d'insectivores, ils sont devenus herbivores.

Le troisième cas correspond aux passagers clandestins que nous transportons à notre insu, comme ces organismes qui parcourent l'océan mondial via les ballasts des bateaux. Les bateaux, lorsqu'ils remplissent d'eau leurs ballasts, embarquent aussi nombre d'espèces, en majorité microscopiques ou à l'état de larves, puis naviguent avant d'aller vidanger cette eau dans un autre port. Cette pratique très courante tend à être mieux régulée car il est avéré qu'elle a généré des invasions d'espèces, dont une des pires pestes qui existent, une étoile de mer venue du Japon : *Asterias amurensis*. Auparavant, cette espèce restait cantonnée du Japon à l'Alaska parce que, habitant des eaux fraîches et n'aimant pas les eaux chaudes, elle ne se risquait pas à franchir tropiques et équateur. Mais des eaux de ballast prélevées au Japon puis leur transfert rapide vers le sud de l'Australie ont permis à ses larves de retrouver dans l'autre hémisphère des conditions tempérées-froides propices à leur épanouissement. En deux ans, 12 millions d'individus occupaient la baie de Melbourne et y dévoraient moules et huîtres, ravageant les parcs ostréicoles. Les estimations indiquent que cette espèce aurait coûté environ un milliard de dollars à la Tasmanie. Toutes les tentatives d'éradication physique ont échoué. Des chercheurs australiens mobilisés ont néanmoins permis de restreindre le périmètre de l'invasion en identifiant le cycle de reproduction de cette étoile de mer et en interdisant aux bateaux de se charger en eaux de ballast à certaines saisons afin d'éviter d'embarquer à nouveau des larves vers d'autres destinations. L'introduction délibérée d'un cilié castrateur des mâles d'étoiles de mer a été envisagée pour la Tasmanie, mais ce pathogène étant généraliste, le risque aurait aussi concerné des espèces indigènes, y compris des formes endémiques rares comme *Parvulastra vivipara*.

Outre cette étoile de mer, le triste et célèbre exemple du frelon asiatique est emblématique des passagers clandestins. Arrivé dans des poteries chinoises dans le Lot-et-Garonne, il a pris la route en camion pour se rendre en Bourgogne. À partir de ces deux points d'entrée, le frelon asiatique a progressivement gagné tout le territoire français et, aujourd'hui, il est parvenu en Belgique.

Ce mode de transport « passagers clandestins » est source de désagréments majeurs lorsque les clandestins sont des vecteurs de la peste, du choléra, du paludisme, de la grippe aviaire, de la Covid-19, etc. Dans le cas de la peste, trois acteurs sont impliqués avant d'arriver à l'Homme : la bactérie pathogène *Yersinia pestis* ; différentes espèces de puces qui sont des porteurs de la bactérie sans en être victimes ; des rongeurs, notamment le rat. Les puces hébergent la bactérie et, lorsqu'elles parasitent des rongeurs, elles les contaminent par piqûre. Leurs pièces buccales pouvant héberger des bactéries actives, une puce passant de rat en rat peut en infecter plusieurs. Les rats vivant à proximité des humains vont à leur tour leur transmettre des puces et, donc, la peste. Les rats meurent rapidement de la peste, mais leur fécondité très élevée fait qu'ils restent toujours assez nombreux. De plus, lorsqu'un rat meurt, ses puces cherchent un autre hôte : autre rat, chien, chat ou Homme. Les Hommes se la transmettent aussi entre eux via leurs puces ou par simple contact.

Historiquement, la navigation a été à l'origine des grandes épidémies qui ont frappé l'Europe. Dans le cas de la grande peste médiévale, ce sont des bateaux venus du Moyen-Orient et de la ville de Jaffa alors assiégée par les Turcs qui ont apporté la peste qui fera environ 40 % de morts en cinq ans. Impact gigantesque : imagine-t-on aujourd'hui que la France perde plus de 25 millions d'habitants sur une période aussi courte ? Quant à la peste qui a touché la Provence au début du XVIIIe siècle, elle est emblématique de la conjonction entre commerce et cupidité. Le 25 mai 1720, un bateau, le *Grand Saint-Antoine*, arrive à Marseille en provenance de Turquie via le Liban et après que les Italiens de Libourne lui ont interdit l'accès au port. Il y a en effet plusieurs morts à bord. Lorsqu'il accoste à Marseille, il y a 8 morts et le navire est mis en quarantaine à l'île de Jarre, puis à proximité du port à l'île de Pomègues. De plus, la décision de débarquer la marchandise, des balles de tissus, est quand même prise en dépit du décès d'autres marins. Il est vraisemblable que Jean-Baptiste Estelle, premier des échevins qui gouvernaient alors Marseille, est intervenu pour autoriser ce débarquement. Il possédait en effet une partie de la cargaison et prévoyait de la vendre lors de la foire de Beaucaire qui allait se tenir en juillet. Donc les tissus arrivent à terre et les puces qu'ils abritent aussi. Tout va ensuite très vite. À partir du 25 juin, les dockers qui débarquent les tissus tombent à leur tour ainsi que les premiers habitants. La cargaison est renvoyée à l'île de Jarre mais il est trop tard. L'épidémie gagne toute la ville, elle fera jusqu'à plus de 1 000 victimes par jour et au total près de 40 000 morts sur une population de 80 000 habitants. Elle se propagera aux régions voisines, jusqu'à Mende et Avignon, où elle fera environ 100 000 autres victimes.

La grippe espagnole de 1918-1919 qui, parmi ses victimes, compte des célébrités comme Guillaume Apollinaire ou Edmond Rostand, fournit d'autres exemples du rôle des transports. Cette fois le pathogène, sans doute d'origine aviaire (canard), pourrait avoir fait son apparition dans un camp militaire du Kansas. Il a fait ses premières victimes en Amérique du Nord et, de là, il a navigué vers l'Est avec les « sammies » vers une Europe affaiblie par la guerre. Ce virus fera 40 millions de victimes, c'est-à-dire plus de morts que ceux tombés sur les fronts de la Première Guerre mondiale. Une autre histoire de transport liée à la grippe espagnole concerne l'île de La Réunion. En 1919, un navire, le *Madonna*, ramène 1 603 poilus à La Réunion. Le bateau était lesté avec de la terre contaminée, issue d'un cimetière, au sein de laquelle se nichait le virus de la grippe espagnole. Débarquée en même temps que les poilus, elle permet au virus de s'introduire dans l'île. Durant la semaine de Pâques 1919, il y aura 1 000 morts à Saint-Denis-de-la-Réunion et environ 10 000 morts dans l'île sur une population de 170 000 habitants. C'est un cyclone qui aurait eu « le bon effet de balayer les miasmes », comme l'indique un journal en date du 18 mai.

Un exemple plus récent concerne un homme mort du paludisme en France en 1995. La personne n'ayant pas voyagé et résidant assez loin d'un aéroport, une enquête sanitaire montre que le voisin de cet homme travaillait à Roissy. Le scénario suivant est alors envisagé : un moustique infecté serait sorti d'un avion pour aller se réfugier sous le capot encore chaud d'une voiture, aurait voyagé avec cette voiture, puis aurait pris son envol en direction du voisin qu'il aurait piqué, lui transmettant le paludisme dont il est mort.

Dans le monde végétal, on ne compte plus les cas de transport de pathogènes dont les effets ont été, et sont encore, dévastateurs : chancre doré du platane, pyrale du buis, graphiose de l'orme… J'emprunte un exemple spectaculaire à Marc-André Sélosse, professeur au Muséum. Dans l'est de l'Amérique du Nord, de l'Ontario à l'Alabama, les forêts étaient couvertes de châtaigniers dentés. En 1904, des plants importés d'Asie introduisent un champignon parasite, *Endothia parasitica.* En un peu plus d'une vingtaine d'années, ce seront plus de trois milliards d'arbres qui mourront. L'espèce est aujourd'hui presque éteinte en Amérique et tout l'écosystème qu'elle structurait – insectes, oiseaux, mammifères, activités humaines – a été bouleversé.

Mais ce sont parfois les victimes qui sont transportées vers leur bourreau. En 1647, en Virginie, les premiers colons installent des pommiers. Or il existe sur place une petite mouche dont les larves parasitent les aubépines, mais les pommes sont plus grosses et plus appétissantes. Les mouches les plus précoces en profitent donc pour pondre dans les pommes. Peu à peu, certaines mouches modifient leur cycle reproducteur pour mieux l'ajuster à la période de fructification des pommes. Elles sont devenues un vrai ravageur des vergers américains.

De la place pour se loger

La question du logement est multiforme et donc complexe. Elle est à l'intersection entre celle de l'énergie nécessaire pour la construction et le fonctionnement de nos habitations, et celle posée par nos déplacements pour rejoindre commerces, écoles ou encore lieux de travail comme de loisir.

Le coût environnemental d'un bâtiment se mesure tout au long de son cycle de vie qui peut se résumer en quatre phases. Une phase de préparation qui correspond à la production et au transport des matières premières nécessaires ; une phase de construction ; une phase d'utilisation qui est la plus longue et la plus difficile à apprécier car les usages peuvent changer au fil du temps ; une dernière phase de démolition et de recyclage ou traitement des déchets produits. Les impacts prennent aussi des formes diverses : émissions de gaz à effet de serre, épuisement des ressources, consommation d'eau, production de déchets, pollution de l'air ou de l'eau…

Dans ce paysage complexe, il est avéré que, pour réduire l'empreinte environnementale, édifier des bâtiments avec des produits végétaux (bois, chanvre, paille...) est une solution intéressante car elle offre le triple avantage d'éviter d'émettre du CO_2 pour la construction comme avec le ciment, de stocker du carbone organique et d'offrir de très bonnes propriétés isolantes lors de la phase d'utilisation.

En France, le secteur du bâtiment résidentiel (en phase d'utilisation) pèse pour un peu plus de 20 % des émissions de gaz à effet de serre. Depuis la première crise pétrolière (1973) qui a marqué le début d'une prise de conscience de la nécessité de faire des économies d'énergie, chaque logement a en moyenne réduit ses émissions de CO_2 de 65 %. Certes, beaucoup des logements de l'époque étaient de véritables « passoires » énergétiques, mais l'effort a néanmoins été considérable. Toutefois, l'accroissement du parc immobilier fait que, globalement, la réduction n'est que de 30 %. Cette évolution marque des changements majeurs dans les sources d'énergie utilisées : le pétrole qui représentait 54 % en 1973 ne comptait plus que pour 13 % en 2017 ; pendant la même période, le charbon a quasiment disparu, le gaz compte désormais pour un peu moins d'un tiers (28 %), et la part des énergies renouvelables a plus que décuplé (elle était de 22 % en 2017).

L'emprise spatiale est souvent oubliée. En termes de surface, en France, on perd l'équivalent d'un département tous les 7 à 8 ans, espaces non urbanisés qui disparaissent sous la forme de ronds-points, d'abris de jardin, de rues, de maisons, de parkings. 1 % du territoire tous les 7 à 8 ans ! Certes le logement n'est pas le seul coupable, mais l'étalement urbain, qui accompagne le souhait légitime d'avoir son lopin de terre à soi, requiert des infrastructures et amplifie l'artificialisation due à la seule emprise immobilière. Se loger prend de la place et conduit parfois à des attitudes paradoxales. Certains s'érigent en modèles car pratiquant, au moins partiellement, une forme d'autarcie teintée d'austérité. Je vis à la campagne, j'élève mes poules, je plante mes légumes et fais mon compost, j'ai un bout de forêt et me chauffe avec mon bois. Certes cela est très vertueux, mais s'accompagne souvent de besoins en transport accrus, en adductions d'eau et dessertes électriques spécifiques et suppose que la majorité des autres ne le fasse pas, non seulement car nous manquerions de place, mais aussi parce que nos chemins vicinaux seraient vite surchargés et que leur entretien deviendrait prohibitif. C'est parce que certains s'entassent dans des grands ensembles que d'autres bénéficient d'un accès à plus d'espace. La vraie frugalité est plutôt du côté d'urbains responsables que de celui de néo-ruraux qui, installés dans leur environnement campagnard, comptent sur d'autres endroits de la planète pour leur fournir le nécessaire, à l'image de cette phrase entendue à la radio : « En m'installant à la campagne, je ne voulais pas d'agriculture conventionnelle à proximité. »

Certes, mais est-ce sérieux sans se poser la question de l'origine de son pain ou de sa farine ?

Il faut donc éviter tout simplisme car l'équation comporte de nombreuses variables qui ne sont pas indépendantes : une option favorable pour un aspect peut avoir des conséquences défavorables pour d'autres, et il convient de se garder de toute idéalisation, surtout si elle se teinte d'une couleur moralisatrice.

Indispensable à la vie, l'eau

Une autre question essentielle dans notre rapport à la planète qu'il convient d'aborder est celle de l'eau.

L'eau est abondante à la surface de la Terre, sous forme d'eau salée (97 %), de glace (moins de 2 %) dont l'essentiel correspond à la calotte antarctique et d'eaux douces libres ou souterraines (environ 1 %). Hors neiges et glaces, l'eau douce disponible de ce petit 1 % se répartit en 95 % d'eau douce souterraine et moins de 5 % d'eaux douces libres (nappes aquifères, lacs et rivières). À notre échelle humaine, ces quantités changent peu et, si elles le font sous l'effet du réchauffement climatique, c'est surtout par la fonte de la cryosphère (glaciers et calottes polaires).

Sans la mise en œuvre de technologies lourdes, dessalage d'eau de mer ou remorquage d'icebergs, on constate donc que l'eau utilisable pour nos besoins courants correspond à une part infime de l'eau terrestre. Toutefois, cette part est en principe largement suffisante car renouvelée, et si les cours d'eau représentent peu en stock, ils sont un flux permanent.

Comme nous le savons depuis nos années d'école primaire, il existe un cycle de l'eau qui passe par les océans, les nuages, la pluie et les rivières. Nous sommes branchés sur ce cycle global dans un cycle secondaire d'utilisation et de restitution de l'eau ; on peut préciser que la part qui ne retourne pas aux cours d'eau ou aux nappes est consommée (cas de rejet de vapeur ou d'évapotranspiration des cultures irriguées). Mais, jusqu'à preuve du contraire, on ne détruit pas l'eau ! C'est la manière dont on l'utilise qui pose problème et, notamment, notre habitude ancestrale de la retourner aux rivières ou à la mer « enrichie » de tous nos déchets solubles comme solides. À cela s'ajoute une propension à la faire s'évaporer via des pratiques agricoles trop gourmandes. Bien sûr, l'accès à l'eau n'est pas équitable, certaines régions en manquent alors que d'autres souffrent d'inondations. En chaussant des lunettes géopolitiques, la situation est même fort contrastée puisque 9 pays détiennent 60 % de la ressource tandis qu'à l'opposé, 80 manquent d'eau. Le réchauffement climatique ne va sans doute pas arranger les choses, mais si nous respections mieux l'eau, un bout de chemin non négligeable vers une diminution des déficits serait parcouru.

L'eau de boisson totalement indispensable à notre survie se monte chaque jour à 15 millions de mètres cubes, soit deux litres par personne. À l'échelle de la planète, cela représente chaque année un peu plus de 5 km^3, à rapporter aux 47 000 km^3 du flux annuel des rivières, soit 1/10 000 de ce flux. En revanche, d'autres usages sont plus gourmands et au total ce sont 4 000 km^3/an qui sont prélevés pour nos besoins domestiques (12 % de ce volume), l'industrie (19 %) et l'agriculture (69 %). En France, ce sont environ 20 % des ressources en eau douce du pays qui sont utilisées. Même avec ces chiffres, même en considérant qu'une part seulement de cette eau est restituée aux rivières et qu'une autre part est évaporée, même en sachant que l'on ne pourrait pas concevoir une utilisation totale qui assécherait les cours d'eau, on constate que la ressource est abondante. D'ailleurs, si elle venait à se tarir, nous savons et avons commencé à dessaler l'eau de mer, pour le moment à hauteur de 150 km^3/an. La question n'est donc pas une question de quantité globale, mais de répartition et d'usage. Les problèmes de l'eau se résument en effet à sa répartition (comment faire en sorte que des zones semi-arides, voire tempérées, continuent à accéder à l'eau de manière pérenne), à sa qualité (avoir une eau saine) et aux impacts que nos usages de l'eau ont sur la faune et la flore. En voici quelques exemples.

La mort d'une mer ! Quoi de plus stupide que d'avoir réussi l'exploit de faire disparaître la mer d'Aral en quelques décennies ? Le résidu de cette belle mer dont dépendaient de nombreuses populations ne représente qu'à peine 20 % de la surface qu'elle couvrait en 1960, et encore est-ce grâce à la construction du barrage de Kokaral que l'assèchement n'a pas été total. La cause est bien connue : le détournement des eaux du Syr-Daria et de l'Amou-Daria pour irriguer massivement les champs de coton des républiques soviétiques d'Asie centrale. La décision a d'ailleurs été assumée avec le plus grand cynisme par la bureaucratie soviétique. En Israël, le niveau du lac de Tibériade baissait de manière inquiétante depuis plusieurs années et le recul du rivage faisait apparaître une plage de sable entre les anciennes rives couvertes d'herbe et le bord de l'eau. Toutefois, le niveau est remonté de plusieurs mètres à la suite de pluies abondantes en 2019-2020 et, en 2022, le lac va être alimenté en eau de mer dessalée. Pas sûr que traiter les conséquences sans s'intéresser à la cause soit écologiquement responsable.

Le choix absurde d'implanter une métropole démesurée en plein désert, une consommation effrénée d'eau à laquelle s'ajoute une surexploitation pour couvrir les besoins de l'agriculture intensive de la région, à l'instar de celle du coton : tout cela a provoqué une baisse très importante des réserves des grands lacs artificiels Powell et Mead et même un assèchement du Colorado qui, arrivé au Mexique, n'est plus qu'un immense lit de sable et d'alluvions, au mieux un ruisseau qui a du mal à atteindre la mer de Cortés. La situation est telle qu'il a été décidé en 2016 d'ouvrir les vannes du barrage Morelos pour remettre un peu d'eau dans le bas Colorado. Quelques mesures de régulation ont été prises, mais elles ne résolvent pas cette insupportable injustice environnementale due à la cupidité des plus forts. Bien entendu, faune et flore aquatiques, y compris des espèces endémiques, ont disparu du bas Colorado.

Plus près de nous, dans les Vosges, des eaux de grande qualité sont embouteillées depuis le milieu du XIXe siècle pour le plus grand bénéfice de tous. Seulement voilà, cette eau est devenue une industrie aux mains du groupe Nestlé-Waters en 1992 avec pour objectif d'accroître la production, comme si la ressource était sans limites. Le volume des prélèvements a ainsi dépassé de beaucoup la recharge naturelle de la nappe phréatique, une surexploitation qui a fait baisser son niveau de façon alarmante. Alors que l'eau potable est un bien commun dont le premier usage garanti est celui de la population, la tentation de « privatiser » la nappe s'est fait jour, la ville de Vittel étant encouragée à aller chercher son eau ailleurs. L'affaire a été portée devant la justice qui a donné raison aux consommateurs en octobre 2019. Cet épisode illustre les tensions qui peuvent apparaître autour d'une ressource essentielle, mais conduit aussi à s'interroger sur la nécessité de commercialiser de tels volumes, dont une part importante dans des bouteilles en plastique, alors que 90 % de la production est destinée à l'Europe où nous bénéficions d'une distribution d'eau potable presque partout. À plus long terme et sous d'autres cieux, le changement climatique va inévitablement conduire à des conflits liés à l'eau, parce que des populations qui avaient l'habitude d'en avoir n'en auront plus, ou plus suffisamment, et vont devoir se déplacer, voire se battre, pour en trouver.

Les nitrates utilisés de manière intensive dans l'agriculture se retrouvent dans les cours d'eau, participant à leur eutrophisation (déclin en oxygène) et à des épisodes de mortalité en masse des poissons, sans compter qu'on en retrouve jusque dans nos eaux de boisson (en France, la norme fixe un maximum de 50 mg par litre). Arrivés en mer, ils provoquent des marées vertes de triste réputation sur les côtes bretonnes, phénomène qui a déjà causé plusieurs morts dues aux émanations toxiques des algues en putréfaction. Cela dit, si certains souffrent de pratiques agricoles trop intensives, la qualité de nombreux cours d'eau français s'est considérablement améliorée ces dernières années. Dans la Haute-Loire de mon enfance, la rivière encore proche de sa source était, certains jours, envahie de paquets de mousse issue de tanneries situées en amont. 40 ans plus tard, la Loire est beaucoup plus propre avec des hérons qui sont revenus s'y nourrir.

Le refroidissement des réacteurs nucléaires est essentiel à leur sécurité. C'est pour cette raison qu'ils sont installés à proximité des berges d'un fleuve ou sur le littoral. Toutefois, ils larguent des eaux plus chaudes dans les fleuves quitte à perturber leur équilibre écologique. Un équilibre également mis à mal lorsque les tours de refroidissement rejettent de la vapeur d'eau dans l'atmosphère, réduisant d'autant le débit du fleuve. Il faut d'ailleurs souligner que la canicule de l'été 2019, avec des températures extrêmes, a nécessité un ralentissement de plusieurs centrales et même l'arrêt de certains réacteurs, l'eau des fleuves étant devenue trop chaude pour assurer le bon refroidissement des réacteurs. Ces mesures sont également prises pour respecter les règles environnementales de limitation de la température des rejets en aval des centrales.

L'accroissement de la population, y compris les afflux saisonniers de population dans les régions de villégiature, provoque des surcharges des stations d'épuration qui, débordées, relâchent des effluents non traités. Il va de soi que ceci ne vaut que pour les localités dotées d'infrastructures de traitement efficaces, ce qui est loin d'être le cas dans de nombreux pays. Par exemple, le Liban a laissé s'installer sur son magnifique littoral une urbanisation non contrôlée qui génère une intense pollution organique et microbienne rendant la fréquentation de plusieurs plages, notamment à proximité de Beyrouth, risquée. D'autres accidents industriels sont plus meurtriers lorsque les pollutions chimiques sont dues à des produits toxiques. En 2000, on peut citer le cas de la rivière Tisza, en Hongrie, dont un affluent a reçu 100 000 m^3 d'eau polluée au cyanure, exterminant toute la faune en aval. En 2015, aux États-Unis, un volume équivalent d'eaux chargées en arsenic et métaux lourds se déverse dans la rivière Animas (Colorado). En 2019, trois tonnes de poissons morts sont repêchés dans la Seine en aval de Saint-Germain-en-Laye à la suite de l'incendie d'un site Seveso. Bien d'autres situations tout aussi graves passent inaperçues lorsqu'elles se produisent dans des pays peu enclins à édicter des règles environnementales strictes.

Quant aux usages domestiques, nous avons encore la possibilité de réduire les quantités utilisées. En France, en moyenne 150 litres sont consommés chaque jour par habitant, la plus grande part (40 %) étant dévolue à notre hygiène corporelle. Au-delà de l'eau elle-même, chaque litre utilisé suppose que l'eau ait été pompée, traitée, distribuée – avec des pertes le long du réseau –, le cas échéant chauffée, etc. Autant d'étapes dont nous ne réalisons pas les coûts de mise en œuvre tant le geste d'ouvrir un robinet nous paraît naturel. Pour nous accompagner dans cette démarche et se divertir sous la douche, un pommeau « intelligent » est commercialisé ; alimenté en énergie par le flux même de l'eau, il s'éclaire de vert, puis d'orange et de rouge lorsque le volume utilisé franchit certains seuils. Recommandé pour les adolescents adeptes de séjours longue durée sous la douche. Par ailleurs, se laver trop vigoureusement et trop souvent peut causer des désagréments à notre épiderme, sujet qui ouvre la porte au chapitre suivant.

Un bien essentiel, la santé

De la question de l'eau, on glisse naturellement vers celle de la santé, tant nos besoins hygiéniques passent par l'eau.

Nous oublions parfois que nous sommes les hôtes d'une biodiversité bienfaisante. La flore bactérienne qui vit à la surface de notre organisme constitue une sorte d'armure invisible. Si nous pratiquons une hygiène trop agressive, cette flore va souffrir et même disparaître localement, laissant le champ libre aux champignons, c'est-à-dire aux mycoses. À trop se laver on finit par susciter des dérèglements. À l'inverse, si l'on cesse de se laver, ce sont des parasites, poux, sarcoptes de la gale, etc. à qui nous allons servir d'hôtel. Comme souvent dans la nature, tout est affaire d'équilibre.

Soumis à une pollution atmosphérique dans les villes, à des pollutions dans nos habitations, à des additifs alimentaires divers, nous assistons à une recrudescence des allergies, notamment chez les enfants. Pour une part, ces allergies pourraient être amplifiées par des excès d'hygiène. Le jeune enfant a besoin de construire son système immunitaire et il convient, sans tomber dans un excès inverse coupable, de ne pas le couper de l'environnement naturel en le surprotégeant contre des agressions bénignes qui contribuent à renforcer son système immunitaire. Plusieurs études ont démontré qu'élever des enfants dans un environnement trop aseptisé favorise les allergies, le système immunitaire pas assez stimulé lors des premières années se retournant plus tard contre l'organisme qu'il est censé protéger.

Plus grave, les perturbateurs endocriniens qui affectent le fonctionnement même de notre organisme. Or ils sont partout, dans notre alimentation (insecticides), dans l'eau, dans l'air que nous respirons, dans nos appartements, nos meubles (fongicides), nos objets familiers (plastiques), nos produits du quotidien (lessives, cosmétiques). Mais qui sont-ils réellement ? Ce sont des molécules qui interfèrent avec nos hormones, messagers chimiques qui régulent notre physiologie. Certains perturbateurs endocriniens peuvent bloquer la fonction hormonale. D'autres ont la propriété de se faire passer pour ce qu'ils ne sont pas en imitant nos hormones sans en assurer les fonctions. Actuellement, les populations occidentales sont confrontées à une baisse de fertilité imputable aux perturbateurs endocriniens que nous respirons ou avalons. En 50 ans, la fertilité masculine en Europe et dans d'autres pays occidentaux a chuté de 52 %. Cela engendre des difficultés et des délais plus longs pour avoir des enfants et la fécondité de notre espèce diminue. Grâce à notre arsenal thérapeutique, on peut compenser par des méthodes de fécondation artificielle mais elles ont un coût individuel (psychologique) et collectif de prise en charge qu'il ne faut pas négliger.

Les perturbateurs endocriniens sont toxiques à forte dose, mais ils le sont également en cas d'exposition prolongée à faibles doses, sans parler de l'effet cocktail qui amplifie leur nocivité lorsqu'ils sont mélangés. Leur toxicité devient extrême lorsque ce sont le fœtus ou le jeune enfant qui sont exposés. Les hormones sont indispensables au bon déroulement de l'organogenèse (formation des organes *in utero*) et ensuite de la croissance. Parmi ces hormones, celle produite par la thyroïde participe à réguler la formation de notre système nerveux central et elle est la cible de divers perturbateurs endocriniens dont les célèbres organophosphorés (chlorpyrifos, dichlorvos, fenthion…) ou les phtalates. Les conséquences en sont une baisse notable du QI, l'autisme ou des troubles du comportement comme déficit de l'attention, hyperactivité, etc. Une étude de Santé publique France parue fin 2019 a montré que six substances présumées toxiques étaient présentes dans l'organisme de tous les Français. Inquiétant ! Mais l'image la plus saisissante est celle du plastique que nous ingérons ou respirons sous forme de microparticules.

Chaque semaine, cela représente cinq grammes, soit l'équivalent d'une carte de crédit ! Barbara Demeneix, professeur au Muséum, en décrit avec une précision glaçante les effets neuro-développementaux dans son ouvrage *Cocktail toxique* où elle évalue le coût des conséquences négatives des perturbateurs endocriniens à plusieurs centaines de milliards d'euros par an en Europe, et pose la question : l'économie doit-elle passer avant la santé ?

Un point essentiel dans notre rapport à la biodiversité : les services de régulation et de soutien que nous rendent les écosystèmes pour notre santé en purifiant l'air, en filtrant l'eau. Là où une vaste zone de prairies et de forêts oxygène l'air d'une région, nous le sentons. Lorsque, ayant séjourné plusieurs semaines à Paris, je sors du TGV en gare de Dijon, je ressens physiquement l'impression d'être à la montagne. Bien qu'en ville, je n'ai pas le même air qu'à Paris : l'agglomération de Dijon est beaucoup plus petite que celle de Paris et, surtout, elle est à proximité de vastes zones boisées. Toujours à propos de notre air, nous savons que la moitié de l'oxygène que nous respirons est produit par les êtres microscopiques du plancton végétal marin. La Fontaine avait bien raison, nous avons toujours besoin de plus petit que soi.

Parasites et autres pathogènes font partie de la biodiversité et ils sont distribués de manière très inégale sur la planète avec un pic à hauteur de l'équateur et une décroissance très rapide en direction des pôles. Dans notre hémisphère, le réchauffement climatique induit un glissement des ceintures chaudes vers les zones tempérées et, corrélativement, permet l'installation de nouvelles populations de pathogènes sous nos latitudes dans des secteurs densément peuplés de la planète où leur propagation est facilitée. Ce glissement vers le nord est considérablement accéléré par leur transport (comme décrit ci-dessus). On l'a constaté avec les cas récents de dengue, de chikungunya ou d'infection par le virus Zika relevés en France. Même si pour le moment la plupart des cas sont des humains porteurs arrivés en métropole (très peu de cas autochtones ont été confirmés), nous leur offrons des conditions climatiques compatibles à leur survie, outre le transport de leur hôte intermédiaire, le moustique tigre.

Autre exemple, plus étonnant, de croisement entre climat et santé. Depuis plusieurs décennies, l'Atlantique Nord se réchauffe, notamment ses eaux de surface en été. Cet accroissement de température favorise le développement de petites bactéries du groupe des vibrions. En Europe du Nord, il a été constaté que, depuis 2000, l'incidence des maladies liées aux vibrions, dont le choléra, suivait la courbe de réchauffement des eaux marines.

Comme nous l'avons vu, les transports facilitent la dispersion des pathogènes. Un article scientifique de 2016 a ainsi suivi les chemins de propagation de 97 espèces d'algues dont certaines peuvent rendre impropres à la consommation nos fruits de mer, suscitant ainsi des problèmes de santé publique. La dispersion du SARS-CoV2 en 2020, en France, en Europe et dans le monde, a démontré à quel point nos déplacements étaient un agent efficace « au service » des virus.

Depuis des temps très anciens, les hommes se sont soignés en sélectionnant dans leur environnement plantes et substances naturelles propres à les soulager. Ces recettes ont longtemps été le fruit d'une démarche empirique faite d'essais et d'erreurs. Certaines étaient dépourvues de vertus curatives, voire nous apparaissent aujourd'hui totalement fantaisistes comme l'utilisation d'excréments mélangés à du miel pour soigner les maux de gorge ou de la poudre de cloportes et scorpions pour traiter fièvres et otites. D'autres étaient plus efficaces et continuent d'être utilisées aujourd'hui comme l'acide acétylsalicylique tiré du saule, connu sous le nom d'aspirine, et utilisé depuis l'Antiquité. Mais la biodiversité qui reste la source de la plupart de nos médicaments continue de nous offrir d'immenses services. Les antibiotiques découverts en 1928 par l'anglais Fleming sont de simples moisissures (champignons microscopiques). La cyclosporine, immunosuppresseur antirejet, qui a permis la généralisation des greffes d'organes a été découverte au début des années 1970 dans un échantillon de sol norvégien. Elle est produite par un autre champignon microscopique, *Tolypocladium inflatum*. La mer, pourtant moins prospectée, nous a réservé de belles surprises et ce n'est certainement pas fini. Ainsi, un petit ver arénicole – qui vit dans le sable des plages – possède une hémoglobine capable de transporter 50 fois plus d'oxygène que l'hémoglobine humaine. Désormais synthétisée, cette molécule est utilisée dans le transport des greffons, renforçant la réussite des greffes. Les cônes sont des gastéropodes marins qui utilisent un aiguillon pour injecter un poison violent dans leurs proies. Ce poison, la conotoxine, se révèle être un antalgique presque 100 fois plus puissant que la morphine. Bien connu des aquariophiles, un corail mou aux belles couleurs vives, *Palythoa*, sécrète une toxine redoutable. Il se trouve que cette toxine a des propriétés anticancéreuses remarquables qui sont en cours de test *in vivo*. Tous ces exemples témoignent de l'importance qu'il y a à préserver la biodiversité car sans ces modèles biologiques, notre pharmacopée serait bien restreinte.

Pour revenir à nous, la taille de la population humaine a aussi un impact sur la santé individuelle. Si nous sommes de plus en plus nombreux sur Terre, lorsqu'une épidémie survient, par exemple la grippe ou plus récemment la Covid-19 apparue en Chine fin 2019 puis dispersée dans le reste du monde en 2020, les occasions de contagion par transfert s'accroissent. Un virus a plus de chances de se diffuser et de se voir offrir la possibilité de muter. Les agriculteurs savent depuis des lustres qu'une monoculture sur de vastes espaces et répétée sur plusieurs années accroît la vulnérabilité de l'espèce cultivée et donc amplifie le risque de perte des récoltes. L'espèce humaine est pour ainsi dire soumise à une forme de monoculture. Elle est heureusement moins drastique puisque l'hybridation entre populations d'origines différentes que les migrations font se rencontrer crée une diversité qui nous protège en partie. En partie seulement, comme le coronavirus nous l'a démontré. Au moment de l'épidémie de Covid-19, les angoisses qui ont traversé la société et la peur des autres, possibles vecteurs d'infection, plongeaient bien leurs racines dans la densité des populations et dans les flux de déplacement. Les mesures de confinement ont d'ailleurs été prises pour pallier ou tenter de réduire l'impact de ces deux problèmes. Ce constat amène une autre réflexion à la charnière entre collectif et individuel. Pour nombre d'humains sur Terre qui y ont accès, la vaccination relève d'un choix individuel dans un cadre souvent incitatif assorti d'obligations strictes pour certains vaccins comme ceux contre la diphtérie ou la poliomyélite. Cette somme de choix individuels, volontaires ou plus ou moins contraints, a une incidence collective. Si personne (ou presque) ne se vaccine, l'épidémie se propage au détriment de tous. Si je suis le seul (ou presque) à ne pas être vacciné, l'épidémie ne se propage pas et la probabilité que je tombe malade est très faible. La moralité est que l'on ne se vaccine pas pour soi, mais pour l'ensemble de la société. Il y a une forme de devoir de solidarité si l'on souhaite que la couverture vaccinale soit efficace.

Les externalités sont des conséquences positives ou négatives d'une activité n'entrant pas dans le périmètre direct de cette activité (effet externe). De nombreuses externalités négatives se rapportent à des coûts sociaux, écologiques ou sanitaires. Dans ce dernier domaine, on a pu voir en septembre 2019 en quoi l'implantation de l'usine chimique Lubrizol à proximité de l'agglomération de Rouen avait eu des conséquences, d'ailleurs difficiles à apprécier, sur la santé des habitants. On pourrait aussi évoquer la tragédie de septembre 2001 à Toulouse où l'explosion de l'usine AZF a fait 31 morts et blessé 2 500 personnes.

Les externalités sanitaires les plus importantes sont celles liées aux pollutions qui ont conduit à la mise en place de taxes selon le principe du pollueur-payeur – nous en évoquerons certaines dans les pages qui suivent – et celles dues aux transports. On pense bien sûr aux accidents de la route ou aux catastrophes aériennes. Pour les premiers, une étude portant sur l'année 2016 et couvrant l'Union européenne est arrivée à la somme impressionnante de 236 milliards d'euros pour les transports de passagers et de 43 Md€ pour le fret. Ces chiffres reposent sur des équivalences monétaires accordées pour une année de vie, une vie humaine, une blessure légère… À ces chiffres on peut ajouter d'autres externalités négatives que sont la pollution (coût estimé de 68 Md€ dans ses dimensions sanitaires et environnementales), le changement climatique (coût estimé de 81 Md€) ou le bruit (coût estimé de 56 Md€). Un exemple frappant : la pollution atmosphérique due aux transports et aux foyers domestiques fait que les habitants de New Delhi perdent environ 10 années d'espérance de vie par rapport à leurs compatriotes qui vivent à la campagne. Mais, au-delà des chiffres, ce qui est intéressant dans cette approche c'est bien de prendre conscience de tous les aspects d'une activité et donc d'en avoir une approche systémique.

La pandémie de 2020

Alors que j'écrivais les pages de ce livre, est survenue la pandémie de Covid-19. Difficile de ne pas y consacrer un chapitre, d'autant que j'ai été moi-même infecté, fort heureusement avec des symptômes qui sont restés faibles[1].

Depuis début mars 2020, nous sommes collectivement plongés dans une sorte de sidération. Les médias nous abreuvent de nouvelles qui tournent en boucle sur les chaînes d'information en continu. Les rumeurs les plus ésotériques et les moins scientifiques circulent à tort et à travers. Mais au-delà des informations sur les virus, leur nature, leur transmission, leur propension à nous infecter et, par conséquent, les mesures qu'il conviendrait d'avoir prises ou de prendre pour leur faire face, cette épidémie offre aussi l'occasion d'adopter un certain recul. De

1. Une partie de ce chapitre s'inspire d'un texte collectif, rédigé en avril 2020 par différents scientifiques du Muséum national d'histoire naturelle. Il reprend également des éléments d'une chronique que j'ai rédigée pour l'hebdomadaire *Le Point* (16 avril 2020).

nombreuses personnes l'ont dit : un tel événement de portée mondiale doit nous amener à réfléchir à nos valeurs, à nous interroger sur le fonctionnement de nos systèmes économiques et sociaux et sur ce qui les anime. Des philosophes, des sociologues, des psychologues ou des économistes nous ont fait part de leurs réflexions. Mais il convient de prendre encore plus de distance. D'autres interrogations émergent et prennent un relief particulier en ce temps de crise sanitaire. Elles touchent à nos relations avec le vivant, notre environnement, et se regroupent autour du concept « *One health* » (une seule santé) qui insiste sur le fait, trop longtemps négligé, que santé humaine, santé animale et santé des écosystèmes sont étroitement liées, que l'une ne va pas sans les autres.

La première chose à savoir – et désormais je pense que tout le monde le sait – est que les virus sont des êtres vivants, sorte de stade ultime du parasitisme puisqu'ils ont besoin de la machinerie d'une autre cellule pour se reproduire. Se reproduisant, même par le truchement d'un autre être vivant, ils ont la capacité de se multiplier, de se modifier (muter) et de transmettre ces modifications à leurs descendants. Le matériel génétique des virus est simple et la plupart d'entre eux ne disposent pas des « outils » qui permettent de réparer ou d'écarter des erreurs de réplication. Ces caractéristiques, si elles sont un handicap face aux erreurs importantes, deviennent un avantage car elles ouvrent la porte à des opportunités adaptatives permettant au virus de franchir la barrière des espèces et de passer de l'une à l'autre.

Pour en revenir aux coronavirus, ils constituent une vaste famille et sont classés en quatre groupes.

Les *Alphacoronavirus* et les *Betacoronavirus* circulent parmi les mammifères, et les *Gammacoronavirus* et *Deltacoronavirus* principalement chez les oiseaux. Quatre types de coronavirus bénins sont connus chez l'humain ; ils seraient, entre autres, responsables de 15 à 30 % des rhumes courants. Trois autres types provoquent des infections graves, voire très graves : SARS-CoV, MERS-CoV et le SARS-CoV2 responsable de la pandémie baptisée Covid-19. Ce dernier est un *Betacoronavirus*, le groupe qui circule chez les mammifères. Une forme voisine a d'ailleurs été identifiée chez un rhinolophe – chauve-souris – originaire de Chine, et une forme encore plus proche a été retrouvée chez le pangolin malais, petit mammifère couvert d'écailles que beaucoup ont découvert à l'occasion de l'épidémie. Curieux anniversaire et retour de circonstance si l'on pense que le 17 février 2019 avait été la journée mondiale du pangolin, espèce en danger du fait du trafic de ses écailles et de sa viande, et qu'à l'époque presque tout le monde l'avait ignoré. Pour revenir à 2020, le fragment de la protéine du virus qui lui permet d'ouvrir la porte de la cellule (sa clef en quelque sorte) est similaire à 99 % chez le virus du pangolin et le SARS-CoV2 qui nous infecte. La même région du virus isolé chez la chauve-souris *Rhinolophus affinis* n'est similaire qu'à 77 %. Cela signifie que le coronavirus isolé chez le pangolin est capable d'entrer dans les cellules humaines alors que celui isolé chez la chauve-souris ne l'est pas. Par ailleurs, cela suggère que le SARS-CoV2 est sans doute issu d'une recombinaison entre deux virus différents, l'un venant du rhinolophe et l'autre du pangolin[1].

Si traumatisante puisse-t-elle être, la pandémie de la Covid-19 n'en reste pas moins qu'un épisode de plus dans la longue histoire des zoonoses, maladies transmises aux humains par des animaux. Environ 50 % des pathogènes qui nous agressent viennent des animaux, qu'ils soient des virus, des bactéries ou des parasites. La bactérie de la peste, si terrifiante, nous arrive via les puces (parasites), elles-mêmes transportées par les rats avant de passer d'homme à homme. Le virus de la rage nous est transmis par les canidés, chiens, loups ou renards et nous en sommes un hôte accidentel. Celui de la variole est sans doute arrivé à partir d'une mutation du *cow pox* des bovidés. Celui de la rougeole serait venu du bétail. Celui de la terrible grippe espagnole de 1918-1919 aurait son origine chez les canards. Plus récemment, le virus du sida nous est arrivé par d'autres primates, chimpanzés et singes mangabeys. Ce n'est pas le fruit du hasard. Cela tient soit d'une proximité phylogénétique avec certains animaux, proches parents d'*Homo*

1. Hypothèse la plus probable au moment de l'écriture de ce chapitre.

sapiens, soit de la promiscuité grandissante que nous entretenons avec d'autres animaux. Cette promiscuité s'est considérablement accrue au moment de la révolution néolithique, il y a environ 10 000 ans. C'est d'ailleurs sans doute avec la domestication du bétail que les virus de la variole et de la rougeole ont franchi la barrière des espèces, ce dernier vers 500 avant notre ère. La consommation de viande de brousse est également à l'origine de plusieurs zoonoses, dont vraisemblablement celle de la Covid-19. Tout ce qui contribue à réduire la distance entre notre espèce et les autres est un facteur aggravant. La déforestation, par exemple, amène des hommes au sein d'espaces sauvages où vivent des espèces réservoirs et conduit ces espèces, privées de leur habitat, à se rapprocher de nos lieux de vie. On doit aussi évoquer, depuis le XXe siècle, la généralisation des élevages intensifs qui ont introduit une amplification considérable du contact entre certains hommes et des animaux. Dire que les 500 millions de volailles que nous élevions il y a 60 ans sont devenus 25 milliards ! Mettre côte à côte, dans des espaces clos, avec une promiscuité maximale, dans des conditions de stress intense, des milliers d'animaux tous issus d'une même population, standardisés en quelque sorte, c'est véritablement offrir des conditions idéales à l'éclosion et à la propagation de nouveaux pathogènes. De surcroît, nous utilisons à profusion des antibiotiques et autres traitements qui ne font que contribuer à sélectionner les souches les plus résistantes et virulentes. Tout est prêt pour l'ultime étape du passage à l'Homme. Dans ces conditions, parler de « bombe virale » n'est pas une image totalement fausse.

En ce qui concerne les abominables espèces sauvages qui nous « refileraient » leurs microbes, il convient de rétablir une vérité et de dissiper un poncif.

La vérité est que, lorsque l'on considère les mammifères, une étude d'avril 2020 indique qu'il n'y aurait pas véritablement d'espèces plus enclines que d'autres à constituer des réservoirs de pathogènes pour les humains. Simplement, la probabilité qu'un pathogène émerge d'une chauve-souris ou d'un rongeur est plus forte car ces groupes comptent beaucoup d'espèces et que nos lunettes simplificatrices nous font dire : « le virus vient de la chauve-souris », comme s'il n'y avait qu'une seule espèce de chauve-souris alors qu'il en existe environ 1400, soit le quart des mammifères connus. Tout cela est à nuancer par la proximité phylogénétique : plus nous sommes proches cousins d'une autre espèce, plus la transmission sera facilitée. À ce titre, les primates, dont nous faisons partie, sont directement concernés. Mais pas très loin dans l'arbre des parentés se trouvent les chiroptères, autrement dit les chauves-souris, puis les carnivores. Souvenons-nous qu'un tigre du zoo du Bronx a été contaminé par un soigneur et que des chats ont été détectés positifs à la Covid-19. Il faut également prendre en compte les paramètres physiologiques propres à chaque espèce.

Ainsi, le vol battu des chauves-souris nécessite des besoins énergétiques importants et elles atteignent des températures corporelles assez élevées (environ 39 °C) qui rendent les virus dont elles peuvent être porteuses particulièrement robustes. Les caractéristiques écologiques jouent aussi un rôle, les animaux grégaires accroissant le risque de propagation d'un pathogène au sein de leur communauté. Là encore, les chauves-souris qui vivent en grandes colonies cochent la case.

Le poncif est de penser que si l'on éradiquait la faune sauvage, le problème serait réglé. Ce serait la pire des erreurs car les virus, hautement adaptables, se tourneraient alors vers d'autres cibles, par exemple vers une espèce de bipèdes à sang chaud plutôt nombreux sur Terre. Une règle qui prévaut dans le monde des pathogènes est connue sous le terme « *kill the winner* » (tuer le vainqueur). Règle qui dit simplement que les pathogènes vont cibler en priorité les formes qui ont le plus de succès. Plus nous porterons atteinte à la biodiversité sauvage, plus nous apparaîtrons comme le « winner » aux yeux des pathogènes. Ce serait comme se coller une grosse cible sur le dos. Maintenir une diversité d'espèces hôtes dans des environnements naturels est donc une forme de protection contre la propagation d'agents pathogènes car, quoi que l'on fasse, ils existeront et chercheront toujours une cible.

Tout cela signifie que l'approche « *One health* », une seule santé pour le vivant, est le seul chemin possible, et si nous ne changeons pas de comportement d'autres pandémies surviendront. Ces dernières années, plusieurs signaux auraient dû nous alerter, faire mieux respecter les espaces naturels, faire évoluer nos pratiques d'élevage : vache folle, grippe aviaire, SRAS, H1N1, MERS… À chaque fois les répercussions ont été relativement circonscrites avec la chance, soit d'une gravité moindre, soit d'une transmission entre humains plus facile à maîtriser. À chaque fois, nous n'avons traité que les conséquences, jamais les causes. Nous avons réagi en médecins, il le fallait d'ailleurs, mais pas en scientifiques. Cette fois, avec la Covid-19, la chance n'était pas de notre côté, surtout sur le plan de la contagion puisqu'une personne infectée peut transmettre le virus avant d'avoir ou sans même avoir déclaré de symptômes.

Ce dont il s'agit ici, beaucoup plus qu'une simple réconciliation avec la nature, est bien de comprendre à quel point les systèmes sont interdépendants, que *Homo sapiens* n'est qu'une espèce parmi tant d'autres, qu'elle est soumise aux mêmes principes biologiques que les autres dans ses relations avec le reste de la planète, y compris les pathogènes, et que sa technophilie n'est pas une armure suffisante. Bien au contraire, en nous donnant l'impression d'être à l'écart, au-dessus de la mêlée, nous nous pensons invulnérables et la pandémie de 2020 doit nous inciter à plus de modestie, moins d'arrogance.

Pour clore ce chapitre, on peut dire que la probabilité qu'une vaste épidémie survienne et se propage dépend de la promiscuité avec d'autres espèces, de la densité de notre population humaine et de l'intensité de nos déplacements, ceux de nos marchandises comme les nôtres. La simple énumération de ces trois paramètres suffit à attester que la survenue d'une pandémie à un moment ou à un autre devenait fortement probable dans le monde d'aujourd'hui. Il s'agit simplement d'une question de temps pour que cela devienne inéluctable, c'est-à-dire que la probabilité de sa survenue approche de 100 %. Sans jouer les Cassandre, une situation avec un virus tout aussi contagieux, mais avec un taux de létalité bien supérieur n'est pas à exclure un jour. Là encore, c'est une question de probabilités. À force de jouer aux dés on finit par faire un triple 6.

Cultiver pour se nourrir

Comme tout animal, les humains ont besoin d'énergie et donc de se nourrir pour vivre. Il est bien connu que notre quête de nourriture a basculé d'un mode chasseur-cueilleur vers un mode agriculteur-éleveur au Néolithique, il y a environ 10 000 ans. Nous savons aussi que pendant des siècles les rendements agricoles ont été faibles, ce qui induisait de terribles famines selon les aléas climatiques du moment. On a du mal aujourd'hui à se représenter ces faibles rendements. Une graine plantée en donnait deux vers l'an 1000, puis quatre au moment de l'optimum climatique du Moyen Âge, pour atteindre cinq au XVIe siècle et cela les années normales ou fastes. Sur ces bases, il fallait payer (ou nourrir) des agriculteurs et leur famille, payer des impôts et donc vendre du grain… Sous peine de mourir de faim l'année suivante, il était indispensable de conserver une part importante de la récolte pour les semailles à venir. Les Européens de l'époque étaient véritablement dans une agriculture de subsistance. De plus, une part importante des terres devait être mise en jachère. L'historien Georges Duby nous indique qu'au XIVe siècle dans le Sud-Est de la France, plus de la moitié des champs étaient laissés en friche pour une alternance moisson-jachère.

L'agriculture et l'élevage sont depuis longtemps à la base de nos besoins en nourriture. Des progrès notables ont été enregistrés dès la seconde moitié du XIXe siècle, mais c'est véritablement au sortir de la Seconde Guerre mondiale que notre agriculture a changé de modèle. À l'époque, le problème crucial était de nourrir la population, en France, mais aussi de manière plus générale en Europe, URSS comprise. En Occident, le choix s'est rapidement porté vers un système agricole propice à nourrir le plus grand nombre fondé sur de nouvelles variétés, issues de la génétique, des engrais et des pesticides plus efficaces et plus abondants – que l'on désigne comme intrans – l'irrigation et la mécanisation, tandis qu'en Union soviétique les contraintes du système politique ajoutées à l'obstination antigénétique, « science bourgeoise », de Trofim Lyssenko ont provoqué de nouvelles famines.

Un peu plus tard, avec la création de l'Union européenne, la politique agricole commune (PAC) s'est mise en place. On a opté pour une quête de la productivité à la fois en rendement, mais aussi en surfaces cultivées et en taille des exploitations. De cette manière, les populations européennes ont été mises à l'abri des pénuries. Le remembrement a été la grande affaire des années 1960 avec destruction massive des haies et des bosquets pour un travail plus facile et plus efficace. Les choix politiques retenus, sans vouloir porter de jugement rétrospectif sur leur opportunité, ont imposé un certain modèle économique aux agriculteurs, un modèle en contradiction totale avec les valeurs environnementales, mais ces valeurs n'existaient pas, ou peu, à l'époque, et on ne peut pas leur reprocher de ne pas les avoir prises en compte. Pourtant dans les années 1970, et a fortiori de 1980 à 2000, l'objectif n'était pas seulement de nourrir la France, mais d'exporter en produisant de plus en plus et en laissant de côté les alertes environnementales qui se faisaient déjà pressantes et audibles.

Une grande partie de l'argent de la politique agricole commune a, de fait, servi à imposer un mode productiviste, intensif, à l'agriculture. En incitant les agriculteurs à avoir recours à des traitements phytosanitaires répétés, à épandre beaucoup d'engrais, et donc à multiplier les passages de tracteurs, l'agriculture est devenue une « industrie » soutenue par l'argent de la PAC qui subventionnait indirectement les industries agrochimiques type Monsanto ou Bayer. Parmi bien d'autres, prenons le cas concret du Roundup (glyphosate), porte-drapeau des herbicides, qui continue de faire la une des médias et qui a, que cela plaise à entendre ou pas, des conséquences calamiteuses sur la santé des environnements comme sur la santé humaine. Agriculteurs et populations rurales en sont les premières victimes (mai 2014 en Gironde, 23 écoliers intoxiqués dans leur école par des épandages de fongicides dans les vignes voisines). Comme le dit si bien Pierre-Henri Gouyon, professeur au Muséum, quand vous consommez du maïs qui, génétiquement modifié, résiste au glyphosate, et dont le champ a été pulvérisé de glyphosate, vous mangez une « éponge » à glyphosate. Et cela vaut pour tous les OGM employés pour que nos cultures vivrières résistent aux pesticides et aux herbicides. On aurait dû basculer vers d'autres modes d'exploitation depuis longtemps, mais il a été plus facile de sous-estimer, de céder aux pressions, de repousser. Aujourd'hui, la sonnette d'alarme sur le glyphosate est tirée, on sait que c'est un poison ! Aujourd'hui, la gravité du problème écologique et sanitaire est attestée. Pour autant, on ne peut pas dire aux agriculteurs : à compter de demain, le glyphosate, terminé ! Ils seraient dos au mur et, dans le cadre de la mondialisation des marchés, ils seraient en concurrence avec des Canadiens, des Brésiliens… qui continueront à utiliser le Roundup. Il faudrait changer le modèle, accompagner les acteurs car des alternatives culturales existent, mais pour ce faire, il faut un minimum de temps. Comme l'indique le rapport de l'INRA de 2017, « la réflexion sur la transition vers la sortie du glyphosate doit se faire sur une échelle de temps qui prend en compte la mise en œuvre de ces techniques alternatives ». En tant que citoyen-consommateur, je préférerais qu'on arrête tout de suite, que l'on casse la dépendance aux herbicides et autres pesticides car il ne suffira pas de passer d'une molécule à une autre supposée – provisoirement – moins toxique. Mais il est impossible d'agir brutalement, du jour au lendemain, car tout est imbriqué, intriqué dans un système qui s'est construit progressivement, qui a eu la vertu de fournir une nourriture abondante à coût faible, mais au prix de lourdes conséquences. Il faut simplement en sortir au plus vite, cesser de surseoir. En France, des annonces politiques ont été faites, des décisions judiciaires ont été prises, comme celle du tribunal administratif de Lyon qui, en janvier 2019, a annulé l'autorisation de mise sur le marché du Roundup Pro 360. Le glyphosate devrait être totalement proscrit en 2022. Cela n'empêche toutefois pas d'autres produits de progresser de manière inquiétante. Dans un bilan d'avril 2019, le Commissariat général au développement durable (CGDD) constatait que les ventes de substances actives avaient progressé de 12 % entre les périodes 2009-2010-2011 et 2015-2016-2017. Plus inquiétant encore, la vente de produits insecticides a augmenté de 230 % entre 2009 et 2017 alors que la surface agricole utilisée restait stable. Constitution de stocks préventifs dans la crainte d'un durcissement des règles ou épandages en hausse, nul ne le sait.

En Europe, la future PAC et le « *Green deal* » annoncé seront peut-être une opportunité pour évoluer vers une agriculture plus respectueuse de l'environnement. Mais les résistances sont vives et d'énormes moyens financiers sont investis pour retarder, voire contrer les décisions prises, à l'instar de ce qu'il se passa pour les cigarettes dans les années 1970. Monsanto, désormais filiale de Bayer, affiche son slogan « *Let nothing go* » (« Ne rien laisser passer ») et combat avec acharnement toute forme de critique de son produit phare tout en pratiquant lobbying, désinformation et manœuvres d'infiltration du monde scientifique en tentant de créer de fausses controverses ou de s'immiscer dans les cercles chargés d'évaluer les dangers du glyphosate, comme l'a révélé la publication des *Monsanto papers* en 2017. Sans doute n'est-il pas inutile de rappeler les propos tenus par Roger Heim, professeur au Muséum, en 1963 : « On guillotine les assassins, on fusille les despotes – ou prétendus tels –, mais qui mettra en prison les empoisonneurs publics instillant chaque jour les produits que la chimie de synthèse livre à leurs profits et à leurs imprudences ? »

Chacun sent que les firmes sont acculées et que ce sont des combats d'arrière-garde qu'elles finiront par perdre, mais quand et au prix de combien de victimes ? Car si des initiatives doivent être saluées, d'autres tentations se font jour et certains, encore aujourd'hui, regrettent que cette overdose technologique se ralentisse, que la libéralisation totale des OGM ne soit pas de mise, comme la revue *Biotechnologies végétales infos* de début 2020 qui déplore les freins mis à leur généralisation. Là encore, il faut raison garder. Travailler sur l'obtention de variétés résistantes à la sécheresse, obtenir des résistances à certains pathogènes, pourquoi pas, mais restons extrêmement prudents. La modification d'un génome n'est pas une opération anodine, un changement indésirable peut se cacher derrière la modification recherchée, comme dans le cas du coton transgénique Bt de Monsanto qui, planté en masse au Burkina Faso, a comme prévu bien résisté aux nuisibles mais a aussi produit des fibres trop courtes pour être exploitables, conduisant à un retour vers les variétés traditionnelles et au départ piteux de la multinationale du pays. Scénario similaire en Chine où le même coton transgénique, censé résister à certains insectes ravageurs, a ouvert la porte à d'autres qui se sont multipliés et il a fallu avoir recours à des doses massives d'insecticides (60 % de plus qu'avec le coton traditionnel) ; on aurait mieux fait de ne rien faire. Les OGM ne tiennent pas souvent leurs promesses et ne se révèlent pas nécessairement plus rentables que leurs équivalents traditionnels. Pourquoi ? Parce que les démiurges des OGM ont une approche mécanistique du vivant, une approche dangereuse, car le vivant n'est pas une machine. Le vivant affiche une propension à réagir de manière imprévisible. Depuis 3 800 millions d'années il est même « fait pour ça » !

Les risques inhérents à cette course aux technologies, chimiques comme génétiques, sont bien connus. Le plus dramatique est social avec l'appauvrissement de nombreux agriculteurs, contraints de s'endetter pour coller au modèle productiviste, qui tombent dans une fuite en avant aggravée par la chute des cours de nombreux produits agricoles. Aujourd'hui un agriculteur replante rarement ses propres graines mais s'approvisionne chez un semencier qui les produit de manière quasi industrielle après les avoir brevetées. L'agriculteur n'est plus libre de semer les fruits de ses propres récoltes, la preuve en a été donnée lors de divers procès qui ont défrayé la chronique en Amérique du Nord, puis en Europe.

Une conséquence plus insidieuse touche à la biodiversité : destruction de la microdiversité (flore, faune et fonge) des sols qui, devenus biologiquement très appauvris, requièrent de plus en plus d'intrans ; destruction des insectes, des oiseaux… En France, les effectifs d'oiseaux des plaines agricoles se sont effondrés ces dernières décennies. Ce n'est pas par hasard, ce n'est pas une fluctuation naturelle comme en connaissent certaines populations. Pas sur une telle durée, pas simultanément pour de nombreuses espèces. Il s'agit bel et bien d'une extermination, certes non voulue, mais conséquence collatérale de pratiques agricoles. Jusqu'à leur interdiction en Europe, en 2018, l'emploi des néonicotinoïdes a contribué à décimer des espèces non ciblées comme les pollinisateurs et, faiblement biodégradables, ils ont pollué durablement les sols. D'autres conséquences insidieuses sont la pollution des eaux vives et souterraines ou les atteintes à la santé humaine par les pesticides que l'on retrouve jusque dans nos cheveux, via les perturbateurs endocriniens. Conséquence dramatique, mais de long terme, donc peu visible et que l'on préfère oublier. Ces externalités négatives, sanitaires comme environnementales, peuvent être évaluées. Dans le cas de la filière française des produits laitiers, on les estime à 28 % du chiffre d'affaires du secteur alors qu'elles sont de 18 % pour la filière bio et de 10 % pour les AOC.

Pour être impartial, il convient d'évoquer des conséquences positives. Les contrôles sanitaires sont accrus et les risques d'intoxication létale sont très faibles depuis plusieurs décennies (1/165 000 en France ; le double aux États-Unis), la part de la nourriture dans les dépenses de consommation des ménages a considérablement diminué en 60 ans : de 35 % en 1960 à 20,4 % en 2014 (source INSEE) et, même si des tragédies subsistent, la population ne souffre plus de la faim comme cela a été le cas pendant des siècles.

Néanmoins, force est de constater que le modèle agricole actuel doit évoluer pour que les agriculteurs retrouvent leur place, pour que la santé des populations ne soit plus considérée comme un problème sans cesse reporté, pour que nos environnements cessent d'être malmenés. Le terme « agro-écologie » a été popularisé il y a une vingtaine d'années. Il ne doit pas être un paravent en forme d'oxymore et, d'ailleurs, de plus en plus d'exploitations reviennent à des pratiques plus respectueuses. Une démarche vers une agriculture multifonctionnelle se fait jour : en plus de produire de la nourriture, cette agriculture est pensée de manière plus large qui prend en compte le fait qu'elle façonne nos paysages, soutient un tissu économique dans les zones rurales et contribue à la régulation de l'air ou des eaux. Ces tendances vertueuses ne sont pas applicables partout, mais une vraie et grande marge de progrès existe.

Manger pour vivre

À présent, intéressons-nous à l'évolution de nos pratiques et comportements alimentaires. Faire fonctionner harmonieusement notre organisme, assurer ses besoins physiologiques, suppose des apports en glucides, lipides, protéines, vitamines, oligoéléments, sels minéraux… Nos besoins alimentaires doivent être équilibrés sous peine de dysfonctionnements, les plus graves pouvant conduire à la mort. À cet égard, les régimes extrêmes, comme le végétalisme, totalement dépourvus de protéines animales, ont parfois abouti à des drames, surtout lorsqu'ils étaient appliqués à de jeunes enfants comme cette fillette de 11 mois décédée dans la Somme en 2008, ou cette autre en 2018 dans la Drôme. En effet, la viande nous apporte des acides aminés essentiels qui doivent impérativement être compensés artificiellement si l'on opte pour un régime non carné. Afin de nous aider à couvrir ces besoins, la biodiversité est fort utile car un seul produit alimentaire, aussi complet soit-il, ne suffit pas. Un exemple frappant est celui de tribus indiennes d'Amérique du Nord qui en hiver mangeaient uniquement du bison, mais la viande d'hiver étant maigre, ils souffraient de carences. Cette biodiversité, on la trouve dans nos légumes, nos fruits, nos viandes bien sûr, mais elle est aussi présente de manière plus discrète dans beaucoup d'autres aliments. Champignons microscopiques comme bactéries travaillent pour nous. Les premiers fournissent les levures indispensables pour le pain, les fromages bleus ou à croûte fleurie, la bière, le vin. Les secondes nous apportent le vinaigre, les yaourts ou encore les ferments lactiques indispensables à de nombreux fromages comme le comté, le munster, le camembert... ou de nouveau le vin pour lequel levures et bactéries œuvrent de concert. Une table couverte de victuailles est un panorama de biodiversité visible ou cachée.

Dans les années 1950 et 1960, ma grand-mère, ma mère (c'était alors une tâche quasi exclusivement dévolue aux femmes) allaient s'approvisionner plusieurs fois par semaine au marché et à la petite épicerie du coin; je me souviens petit enfant avoir détesté ces attentes et discussions interminables devant les étals du marché. Puis, au milieu des années 1960, sont apparues les premières grandes surfaces. Nous avons alors connu une frénésie de découverte et d'achat. Aller au supermarché acheter de la nourriture était un rite hebdomadaire de sortie en famille. On partait en début de soirée au supermarché et on était fou de joie. À cette époque, je me souviens avoir goûté de tout : du requin, de la tortue, du kangourou, de l'autruche… avec la meilleure des bonnes consciences que procurait l'enfance et, pour les adultes, l'ignorance des conséquences de leurs actes de consommateurs. Le monde arrivait dans les supermarchés. Et c'est ainsi que l'on a oublié les relations à la saison, à la région : qu'est-ce qui pousse là où j'habite et qu'est-ce qui pousse au printemps, en été, en hiver ? À partir des années 1970, tout étant tout le temps disponible, les générations se sont déconnectées de ces questions. Aujourd'hui, de nombreuses personnes ne savent plus quels sont les fruits de saison. Il faut désormais réapprendre aux générations qui viennent que les endives, les carottes, les betteraves, les courges c'est en hiver et que les tomates, les courgettes et les poivrons sont des nourritures d'été et que les consommer en hiver a un impact négatif sur l'environnement car cela signifie transport sur de grandes distances, production sous serres chauffées, etc. Sans compter que ces produits ne sont généralement pas bons ! Le paradoxe, mais ça va peut-être changer, est que des produits cultivés en « bio » peuvent être des inepties environnementales. Je suis choqué et agacé lorsque, en décembre ou janvier, au détour d'une travée de mon marché, je vois, sur un stand dit « bio », des cerises du Pérou. Ces cerises proviennent peut-être d'une agriculture biologique au Pérou, mais les apporter du Pérou en France n'est pas « bio » du tout ! Sans être austère ou moralisateur, je crois qu'il faut savoir revenir à des plaisirs simples et l'attente en est un. Si tout est disponible tout le temps et que l'on peut manger des cerises toute l'année, le plaisir est amoindri. Attendons le temps des cerises pour s'en régaler.

Notre relation avec l'origine de notre nourriture a même franchi une distance supplémentaire avec les produits transformés. Je ne parle pas des pâtés, biscuits ou choux à la crème qui continuent de faire notre bonheur, ni des conserves en bocaux qui agrémentaient les repas d'hiver, mais de plats tout préparés, élaborés pour être consommés, et non pas dégustés. Le terme d'ultra-transformés a même été créé pour les désigner quand ils sont le résultat de procédés industriels comme extrusion, hydrogénation et d'ajout d'édulcorants, de colorants, d'émulsifiants et autres additifs. Certes, ils sont faciles d'emploi, tentants et utiles lorsque nous sommes pressés, mais la somme de ce qu'ils ont subi, et surtout contiennent, a fait naître d'autres usages tels que la possibilité, en scannant leur code-barres, de noter leur innocuité. Sorte de contre-pouvoir de chacun pour ne pas se laisser submerger par une offre industrielle toujours plus imaginative. Contre-pouvoir indispensable lorsque l'on sait que le lien entre consommation de ces produits avec leurs additifs et risque de cancer a été avéré par une étude française de 2018. Un apport supplémentaire de 10 % de produits ultra-transformés dans notre régime se traduit par une hausse de 12 % du risque de cancer.

Tout cela témoigne que la relation à la nature même de notre alimentation s'est estompée, mais ne serait-elle pas en train de revenir ? On revoit sur les étals des légumes « disparus », topinambours, crosnes… On cherche à s'alimenter local et donc de saison. Même économiquement le pari est gagnant. Contrairement à ce qui est souvent proclamé, la nourriture fraîche et de saison n'est pas plus chère, voire moins si l'on accepte d'éplucher ses légumes. Cette relation à l'alimentation est très importante. Il faut revenir au trio fondamental : la saison, le temps que l'on y consacre et l'espace.

Une autre question est d'apprécier le coût biologique de ce qui est dans notre assiette. Hors transport, techniques de production… l'empreinte écologique d'un kilogramme de nourriture n'est pas la même selon qu'il s'agit de viande, de poisson, de légumes, de fruits ou de produits transformés. Plus on s'élève dans la chaîne alimentaire, dans ce que l'on appelle en science le niveau trophique, plus l'impact de notre consommation s'accroît. Si l'on mange de la salade ou des légumes, notre impact correspond en gros à l'énergie de la photosynthèse qui a été nécessaire pour produire notre salade. Si je poursuis mon repas avec un gigot, celui-ci vient d'un mouton qui a mangé de l'herbe, beaucoup d'herbe. Si je mangeais un loup (pure hypothèse), il aurait lui-même mangé de nombreux moutons. C'est pour cela que la biomasse « loup » est très nettement inférieure à la biomasse « herbe ». En termes de flux d'énergie, un kilogramme d'herbe ne donnera pas un kilogramme de mouton car il y a des pertes, dues au rendement du tube digestif du mouton, à sa nécessité de respirer... Schématiquement, pour maintenir un mouton en vie, il lui faut en gros 10 fois l'énergie qui a été nécessaire pour produire son poids en herbe ; pour maintenir un loup il lui faut l'équivalent de 10 fois son poids en moutons, soit 100 fois celui de l'herbe, et si je mange le loup j'en arrive à 1 000 fois mon poids en herbe. Chaque niveau trophique franchi se traduit par une baisse de rendement d'un facteur 10. Cette dernière étape, qui suppose que je mange du loup, peut faire sourire, mais quand nous consommons des produits de la mer c'est souvent ce qu'il se passe et, très vite, plusieurs niveaux trophiques sont franchis. On se régale de thon, de cabillaud, parfois d'espadon qui sont des prédateurs supérieurs ayant consommé d'autres plus petits prédateurs comme les maquereaux ayant eux-mêmes consommé des poissons plus petits comme les anchois qui se sont nourris de petites crevettes et autres petits animaux nageurs qui ont eux-mêmes mangé du plancton. Ne parlons même pas des ailerons de requin, requins qui mangent les thons et dont seul l'aileron est retenu pour la consommation. Alors, se tourner vers l'aquaculture ? Malheureusement, les poissons d'élevage sont nourris avec de la farine produite avec de petits poissons, qui eux-mêmes en ont mangé... Donc l'impact écologique des produits de la mer, en dehors des moules, des huîtres, et autres coquillages filtreurs, n'est pas le même qu'à terre. Je ne dis pas qu'il ne faille plus manger de thon, mais simplement d'avoir conscience que lorsque l'on mange un kilogramme de thon, on mange beaucoup, beaucoup de kilogrammes de plancton ou de produits végétaux de la mer. Il faut l'avoir en tête. D'ailleurs des pratiques positives voient le jour comme *Mister Goodfish* promue par le centre Nausicaa de Boulogne. Très belle intiative qui, fournissant des affiches de listes d'espèces adaptées aux différentes façades maritimes françaises, incite les poissonneries et leurs clients à s'approvisionner en poissons locaux et de saison ; car il y a aussi des saisons pour les poissons !

Le cas des poissons et des ailerons de requin conduit à s'interroger sur les ratios de produits consommés. De manière simpliste, lorsque nous croquons une noisette, nous écartons la coquille, lorsque nous avalons un steak on sait implicitement que toute les parties du corps de la vache ne sont pas source de nourriture. Avec les poissons de mer, la situation est pire. Non seulement, à l'exception des petites fritures, nous ne consommons pas tout le corps du poisson, mais la capture d'un poisson s'accompagne de prises accessoires, c'est-à-dire de la capture d'espèces non recherchées qui sont rejetées à la mer, souvent mortes. La FAO (Organisation des Nations unies pour l'alimentation et l'agriculture) estime que ces pêches non voulues représentent 27 millions de tonnes de poissons, cétacés, tortues… pour 94 millions de tonnes de poissons pêchés chaque année. Des dispositifs d'évitement sont en train d'être testés et mis en place, mais ils sont encore trop peu utilisés.

Pour alourdir encore l'addition, nous gaspillons aussi ce qui arrive dans notre assiette. En France, le gaspillage alimentaire pèse pour 30 kilos par an et par habitant. Une expérience très instructive a été conduite en 2018-2019 pour voir comment réduire ce gaspillage. L'ADEME a engagé 243 familles de quatre régions à peser leurs déchets alimentaires pendant deux mois sans changer leurs habitudes. Puis, dans une seconde séquence, chaque foyer a été incité à modifier son comportement vis-à-vis de sa nourriture – établir des menus, gérer les dates de péremption, accommoder les restes… Cette démarche de sensibilisation s'est révélée extrêmement efficace puisque le gaspillage a été réduit de 59 %, soit de 18 kilos par habitant, soit encore l'équivalent de plus de 21 000 repas pour l'ensemble de ces 243 familles. Collectivement, notre marge d'amélioration est énorme et il faudra savoir l'exploiter si l'on veut relever le défi de nourrir 10 milliards d'humains vers 2050.

En matière d'alimentation, comme sur de nombreux autres sujets, les questions sont complexes et les réponses rarement univoques. Pour clore ce chapitre sur une note positive, je ne pense pas qu'il soit nécessaire de tomber dans l'austérité, mais de simplement positionner le curseur sur « raisonnable », comme l'envisagent de plus en plus nos concitoyens qui se disent prêts à 60 % à s'orienter vers une alimentation plus écologique. Le fait de se poser des questions et d'y apporter des réponses, même partielles, signifie que nous sommes collectivement sur le bon chemin. Faut-il vraiment manger de la viande tous les jours ? Ai-je besoin de haricots, de tomates ou de raisins en hiver ? Comment mieux choisir les poissons que je consomme ? Puis-je réduire mon propre gaspillage ? Quels sont les choix à faire pour favoriser une agriculture moins agressive ? C'est ainsi que notre impact sur la planète dû à l'alimentation sera réduit.

Symboles et culture

Blanche-neige ou *Pinocchio* étaient entourés de plus de 20 espèces animales, *Mulan* n'a eu droit qu'à 6 et *Ratatouille* qui concocte ses bons plats à Paris encore moins. Nous sommes bien sûr dans l'univers de Walt Disney où, au fil de 70 ans d'histoires contées dans de multiples dessins animés, s'installe un déclin de la biodiversité. De moins en moins de scènes dans des décors naturels et de moins en moins d'espèces hors celles des personnages principaux. C'est ce qu'a démontré une étude très sérieuse d'une équipe du Muséum parue en 2015 qui conclut que la nature est de moins en moins présente et de plus en plus simplifiée, ce qui traduit une forme de déconnexion des dessinateurs qui se répercute sur le jeune public, quand bien même les discours portent souvent sur la protection des espèces.

Depuis des millénaires, nos civilisations se sont construites en interaction avec la biodiversité. En tout premier lieu via chasse et cueillette, puis élevage et agriculture, pharmacopée... Nos pratiques culturelles, la quête de symboles ont souvent aussi plongé leurs racines dans la biodiversité. On pense au bestiaire qui peuple certains panthéons comme celui de l'Ancienne Égypte et ses dieux à tête de chien, babouin, ibis, faucon... Chez les Grecs et les Romains, des animaux sont souvent associés à des dieux à figure humaine : l'aigle de Zeus/Jupiter, Athéna/Minerve et sa chouette, Artémis/Diane et sa biche... Les symboles ont pu se faire moins directs, comme la colombe apportant un rameau d'olivier à Noé pour lui signifier la baisse des eaux. Faune et flore se retrouvent dans maintes légendes, croyances ou superstitions. Dans cette liste, se trouvent pêle-mêle la lecture de l'avenir dans des entrailles de poulet ou dans le marc de café, l'interprétation d'un vol de corbeaux comme un mauvais présage, d'un chat noir comme un porteur de malheur, le choix de manger des châtaignes dans l'espoir d'un gain ou de les placer sous son oreiller pour chasser les fantômes, la tentation d'effeuiller la marguerite pour mesurer l'intensité d'un attachement, etc. Les fossiles ont même été appelés en renfort. Des oursins fossiles lancés au-dessus d'une maison la protégeaient de la foudre, et des ammonites placées dans un seau à traire stimulaient la production de lait des vaches. C'est dire si notre imagination féconde a su tisser des liens entre biodiversité et phénomènes, espoirs ou craintes de toutes sortes. En conséquence, nombre d'espèces animales ou végétales se sont prêtées à des comparaisons ayant laissé des traces dans le langage ordinaire : fort comme un lion ou comme un chêne, malin comme un singe, innocent comme un agneau, avoir un oursin dans la poche, la pureté du lys…

Aujourd'hui, disparitions, déclins ou migrations conduisent à la raréfaction, voire la perte de ces symboles qui survivent sans leur référence, changent ou sont abandonnés. Prenons l'ours en Europe. D'abord considéré comme un double de l'Homme, l'ours fut déchu de son statut de roi des animaux par l'Église qui œuvra pour le diaboliser. Il a eu en conséquence une place réduite dans l'héraldique médiévale même s'il est toujours présent sur les blasons de Berlin et Berne, ou dans la toponymie d'Orcines dans le Massif central. Bien que les ours sauvages aient disparu depuis longtemps de ces contrées, il n'est pas rare en pays germanique de voir des auberges « ZUM BÄREN ». Le Liban arbore sur son drapeau un cèdre majestueux, image de ceux qui peuplent la forêt de Tannourine. Mais la source de cet emblème est en danger car de nombreux cèdres meurent sous le double effet d'un insecte ravageur stimulé par le réchauffement climatique et du réchauffement lui-même. Dernier exemple, lié à une religion celui-ci ; traditionnellement, les hommes juifs portaient de petites tresses attachées aux coins de leurs vêtements, les tsitsits. Un fil de ces tresses était teint en bleu indigo, le tekhelet, qui symbolisait le lien des humains avec le monde vivant non humain. Le tekhelet était extrait d'un mollusque marin vivant entre Haïfa et Tyr et qui n'avait pas d'autre usage pour les humains. Ce mollusque semble avoir disparu ou du moins disparu des mémoires depuis longtemps. On ne sait plus de quelle espèce il s'agit, contribuant à couper cette tradition de son origine par perte de connaissance sur la biodiversité et laissant la place à des légendes qui racontent que cet animal remontait des profondeurs tous les 7 ou 70 ans comme le mentionne le Talmud.

Cette énumération insolite a trouvé son inspiration dans un périmètre européen ou méditerranéen proche et il serait facile de l'élargir à d'autres contrées où les relations entre notre espèce et le reste du vivant peuvent être encore plus intenses, comme au cœur des forêts équatoriales d'Asie, d'Afrique ou d'Amérique. Mais ce périmètre restreint suffit à souligner à quel point nous sommes ancrés dans le tissu vivant de cette planète.

Les deux curseurs

Le jour du dépassement est une date symbolique qui marque le jour de l'année à partir duquel, nous, habitants de la Terre, avons utilisé toutes les ressources renouvelables que cette Terre est capable de nous offrir en une année. En 1960 nous étions en deçà de ce seuil et la question ne se posant pas, le concept n'existait pas. Il y a 40 ans, ce jour tombait début décembre. Au tournant du millénaire il arrivait fin septembre, à la mi-août en 2009 et il est tombé le 29 juillet en 2019. C'est-à-dire que notre empreinte écologique de 2019 représente 1,75 fois ce que la planète peut fournir. Pour le moment cela reste relativement indolore et les optimistes diront : où est le problème ? Une analogie simple permet de le comprendre. Si une famille adoptait un mode de vie qui la conduise à dépenser 1,75 fois ses revenus annuels, elle devrait emprunter ou utiliser son épargne. Comme on ne peut pas emprunter à une autre planète, nous sommes en train de consommer notre capital naturel bien au-delà de ses capacités de renouvellement. Nous vivons à crédit en piochant dans le capital et cela ne sera pas infini. Ce concept du jour du dépassement, quoique sans doute imprécis, nous donne néanmoins une mesure approximative de notre emprise et il nous fournit surtout une tendance sur plusieurs décennies.

Devant les choix qui sont les nôtres face aux enjeux environnementaux, si nous avons la volonté de ne pas rester dans une posture attentiste, nous pouvons faire bouger deux curseurs pour infléchir et si possible inverser la tendance : l'empreinte écologique moyenne de chacun et le nombre d'humains sur Terre.

Le premier curseur, largement évoqué au fil des chapitres précédents, est celui de nos comportements. Où le placer ? Personne n'a envie de vivre chichement, personne n'entend s'éclairer à nouveau à la bougie ou abandonner – pour ceux qui en disposent – les avantages que procure le confort dit « moderne ». Ce confort est le fruit d'un long héritage, accumulation de découvertes, d'inventions techniques dont les plus anciennes remontent à la préhistoire, avec la maîtrise du feu vers – 400 000 ans, ou au début de l'histoire avec l'invention de la roue il y a 5 500 ans. Le problème est que ce long cortège d'innovations technologiques est source de pressions de plus en plus fortes sur les environnements. D'un côté, il nous apporte un mieux-vivre auquel nous ne voulons pas renoncer, de l'autre il contribue à fragiliser le tissu vivant qui nous fait vivre. Dilemme qu'il va falloir trancher sous peine d'être confrontés à des déséquilibres majeurs.

Un autre problème qui découle du premier est qu'existe une conjonction entre développement technologique et croissance démographique, une question importante que l'on rechigne souvent à évoquer. C'est parce que les innovations améliorent nos moyens d'existence que la population mondiale a pu se développer. Et tous les humains aspirent, à juste titre, à accéder à ces innovations et au confort qu'elles procurent. Cela signifie que l'usage moyen que chaque individu fait des ressources de la Terre augmente et que parallèlement le nombre d'individus augmente aussi. Ce sont bien les deux curseurs fondamentaux à prendre en considération. Si nous étions 500 millions d'habitants sur Terre, il n'y aurait pas de problème majeur, au pire des problèmes locaux à l'image des pollutions au plomb de l'époque romaine ou des introductions d'espèces sur les îles méditerranéennes. On pourrait donc se comporter à notre guise et exploiter la planète sans risque d'atteinte d'un seuil critique. À près de huit milliards aujourd'hui, les signes alarmants d'une trop forte pression se multiplient, conduisant à faire bouger nos comportements. Mais si, pendant que des Occidentaux plutôt fortunés diminuent (un peu) leur énorme empreinte, la croissance démographique se poursuit sans inflexion, le poids écologique global de notre espèce va rester au mieux le même. Donc, changer seulement de comportements ne suffira pas.

Le second curseur que l'on peut actionner est celui de la population mondiale. « Faut-il limiter la population pour sauver la planète ? » titrait *La Croix* en novembre 2017, tandis que *Libération*, un an plus tard, proclamait « Moins d'enfants pour sauver la planète ? ». Est-on en train de devenir trop nombreux sur cette Terre ? La question émerge dans les débats publics. Faut-il utiliser des moyens technologiquement avancés pour pallier des baisses de fécondité quand des millions d'enfants pourraient être adoptés ? Attention, on touche là à ce qu'est la famille. À un sujet de libre choix et d'éthique, de conscience individuelle à nouveau. Hors de question de porter atteinte à ces valeurs. Pourtant, stopper l'accroissement démographique va devenir nécessaire car le rythme actuel d'un milliard de plus tous les 13 ans ne sera pas compatible avec une Terre décemment habitable. La stabilisation se fera-t-elle d'elle-même comme le prédisent de nombreux démographes ou bien sera-t-elle contrainte comme cela a été le cas en Chine pendant des décennies ? L'hypothèse que cela puisse se faire naturellement, sans contraintes, n'est pas à écarter. On observe qu'un meilleur confort de vie et un accès large à l'éducation s'accompagnent d'une baisse de la natalité. L'Europe est ainsi passée en dessous du seuil de renouvellement de ses générations, même si le solde naissances-décès reste positif du fait de l'allongement de la durée de vie. En fait, nul ne sait vraiment si une stabilisation s'installera, car les projections démographiques ne se réalisent pas toujours, mais elles donnent quand même un cadre. Les dynamiques de population sont des processus au long cours puisque les nouveau-nés d'aujourd'hui atteindront l'âge d'avoir des enfants dans 20 ou 30 ans, nous savons combien ils sont et pouvons présumer combien ils auront en moyenne d'enfants. À partir de là, on anticipe que la planète devrait compter autour de 10 milliards d'habitants en 2050 et que le continent qui devrait avoir la plus forte croissance, et de très loin, est l'Afrique. Mais le principe de raison qui voudrait que l'on incite ou plutôt que l'on accompagne l'Afrique vers une abstinence démographique relève aussi de la double arithmétique déjà évoquée. Celle du nombre d'individus et celle de leur empreinte écologique. Et, à ce jour, l'empreinte écologique d'un Américain du Nord, d'un Européen ou d'un Africain n'est pas du tout la même, l'écart étant de 7 à 4 et à 1. Autrement dit, un bambin de Chicago ou de San Francisco « pèse » autant sur la planète que six ou sept bambins de Cotonou ou de Luanda. Là encore, rien n'est simple, et cela l'est d'autant moins que l'on touche ici à l'intime et à la liberté individuelle.

Néanmoins, plaçons-nous dans la situation d'un observateur extérieur à notre planète qui, depuis une exoplanète pas trop lointaine, regarde notre évolution depuis quelques siècles sous un angle froidement rationnel et scientifique. Force lui sera de constater que, sur le long terme, la décroissance démographique sera une voie sans issue pour ces Terriens agités. S'ils veulent arrêter de consommer leur capital « Terre », leur population mondiale devra diminuer.

Mais revenons sur cette Terre. Sur un plan éthique, il est hautement souhaitable et même indispensable que tous les êtres humains puissent vivre dignement. L'article 25 de la Déclaration universelle des droits de l'Homme, signée à Paris en 1948, stipule que : « Toute personne a droit à un niveau de vie suffisant pour assurer sa santé, son bien-être et ceux de sa famille, notamment pour l'alimentation, l'habillement, le logement, les soins médicaux ainsi que pour les services sociaux nécessaires. » Cela donne une base universelle à l'empreinte écologique à laquelle chaque citoyen du monde peut légitimement prétendre. Il est tout aussi souhaitable que l'espérance de vie des populations les moins favorisées croisse et rejoigne celle des pays développés. Si ces deux conditions, malheureusement encore trop utopiques, sont remplies, alors mécaniquement il y aura plus d'humains présents à un instant T, puisque chacun restera plus longtemps sur Terre et ils pèseront individuellement plus lourd. Dit autrement, la planète, même en évitant de consommer trop de viande, même en réduisant les déplacements, même en renonçant aux produits superflus, même en se passant de serveurs pour nos flux numériques, même, même… ne pourra pas accueillir dans des conditions compatibles avec un équilibre environnemental pérenne 12 milliards d'habitants. Il faut donc envisager avec sérénité une décroissance démographique acceptée et indolore, et non imposée ni par les circonstances environnementales, ni par une quelconque dictature.

Nous sommes immergés dans des systèmes sociaux et économiques qui encouragent consommation et croissance démographique dans presque tous les pays, car la dynamique économique qui nous sert de boussole est en partie basée sur ces facteurs. Faudra-t-il des outils politiques pour réguler consommation et démographie à un niveau acceptable pour la biodiversité et l'environnement ? Y songer fait frémir tant on imagine les dérives qui pourraient s'ensuivre. Une fois de plus, on voit bien comment nous sommes pris en tenailles entre nos contradictions, aussi bien individuelles que collectives.

Partie III

Qu'est-ce qu'une crise de la biodiversité ?

Définition d'une crise en trois exemples

Nous avons vu la difficulté à définir la biodiversité, cet objet complexe entre tous. En revanche, nous pouvons nous entendre sur ce qu'est une crise de la biodiversité et aborder la question par le prisme des moments où les déséquilibres se font tels qu'ils conduisent à une situation de crise. Partons de trois exemples pour essayer de nous familiariser avec le concept de crise.

Aux alentours de 700 millions d'années, à une époque que l'on a baptisée Cryogénien, la Terre s'est retrouvée à deux reprises, vers 720 Ma et 635 Ma, complètement englacée : on parle alors de Terre boule de neige ou *Snowball Earth*. La présence de témoins sédimentaires, notamment des roches larguées par des icebergs sous toutes les paléo-latitudes de l'époque, témoigne de cet englacement. On peut affirmer qu'il faisait partout extrêmement froid, à l'exception du voisinage de volcans ou de sources chaudes, et on suppose que 4 000 mètres de glace recouvraient les continents, qu'une gigantesque banquise s'étendait sur les océans, sauf peut-être de part et d'autre de l'équateur. La sortie de ces périodes de Terre englacée s'est faite lors d'épisodes volcaniques intenses qui, émettant d'énormes quantité de CO_2, ont eu pour effet de réchauffer peu à peu la planète.

Le deuxième exemple remonte à 250 millions d'années. Il signe « la grande crise » de la biodiversité. À cette époque se manifestait un volcanisme très actif, la teneur en dioxygène des océans était faible. Les continents étaient regroupés, induisant des saisons contrastées dues à une continentalisation du climat et réduisant d'autant les zones côtières peu profondes qui les entouraient (qui sont les lieux où la vie se développe le plus dans les mers). On assiste alors à d'importantes oscillations climatiques : il fait d'abord froid, puis très chaud. Dans ce contexte, 90 % des espèces marines comme terrestres disparaissent.

Le troisième exemple porte sur des changements climatiques qui remontent à environ 135 millions d'années, au début du Crétacé. À cette époque, le climat global qui était plutôt humide et chaud tend à se refroidir avec l'apparition de calottes intermittentes aux pôles et à devenir plus sec. Ces refroidissements cycliques, liés à des modulations des paramètres orbitaux de la Terre, entraînent des baisses du niveau des mers, ainsi que des changements importants de la biodiversité littorale ; les faunes s'épanouissant dans des eaux plus limpides remplacent celles préférant les eaux turbides.

À travers ces exemples, on comprend qu'une crise de la biodiversité peut être définie sur la base de trois critères : dans l'espace, elle est nécessairement globale ou du moins largement étendue ; un événement local n'est pas une crise. Dans le temps, elle est brutale. C'est un instantané, mais à l'échelle géologique, ce qui signifie qu'une crise s'étend sur des durées de l'ordre du million d'années. Un million d'années, à l'aune des 3 800 millions d'années de l'histoire de la vie sur Terre, reste un moment bref, si surréaliste que cela puisse nous paraître. Enfin, une crise a un impact biologique général. Autrement dit, pour parler d'une grande crise, il faut que plusieurs groupes soient touchés. Une crise obéit à la théorie des dominos, métaphore utilisée par Dwight Eisenhower pour énoncer que si un pays tombait aux mains des communistes (à l'époque, en pleine Guerre froide, il s'agissait de l'Indochine) alors tous les pays alentour allaient suivre tout comme des dominos s'effondrant les uns sur les autres. Les dominos de la biodiversité sont des espèces et, au-delà d'un certain seuil, l'effondrement des premières entraîne celui des autres jusqu'à ce que des groupes entiers soient atteints, que des écosystèmes basculent et que la biosphère soit en crise.

Durant les 500 derniers millions d'années de l'histoire de la Terre, qui correspondent à la grande époque de la diversification de la vie, on a répertorié une soixantaine de crises, dont cinq majeures. Ces crises anciennes nous offrent des expériences grandeur nature pour tenter de mieux comprendre ce qu'il se passe aujourd'hui, bien qu'aucune ne soit un analogue de la situation actuelle. En effet, chaque crise a été unique. Il n'y en a pas deux identiques, chaque contexte dans lequel elles sont intervenues étant original. Néanmoins, prises dans leur ensemble, les crises représentent un échantillonnage statistique d'une soixantaine de situations particulières dont on peut tirer des enseignements et qui nous permettent de poser quelques points de référence. Voilà pourquoi il faut regarder de plus près comment elles ont fonctionné.

Échelle chronostratigraphique simplifiée

Âges (début)	Ères	Systèmes	Crises	Repères évoqués dans le texte
2,6 Ma	Cénozoïque (Tertiaire et Quaternaire)	Quaternaire		Holocène
23 Ma		Néogène		
65 Ma		Paléogène		PETM
145 Ma	Mésozoïque (Secondaire)	Crétacé	X	
201 Ma		Jurassique		
252 Ma		Trias	X	
299 Ma	Paléozoïque (Primaire)	Permien	X	
359 Ma		Carbonifère		
419 Ma		Dévonien	X	
443 Ma		Silurien		
485 Ma		Ordovicien	X	
541 Ma		Cambrien		
2500 Ma	Protérozoïque			Terre boule de neige
4000 Ma	Archéen			Origine de la vie

Les cinq crises majeures

La première frappe la biosphère à la fin l'Ordovicien, au début de l'ère Primaire vers 450 millions d'années, et coïncide avec une glaciation. Elle touche une biodiversité qui était alors quasi exclusivement marine et de nombreuses espèces benthiques – vivant sur le fond – disparaissent. La deuxième arrive au Dévonien, plus tard dans l'ère Primaire. Elle correspond à une chute de l'oxygénation des mers ; en conséquence les faunes marines sont très touchées alors que sur les continents, où la vie a commencé de s'installer, les impacts sont moindres. La troisième se place à la charnière entre les ères Primaire et Secondaire, à une période dénommée Permien. C'est de loin la plus sévère de toutes, tous les groupes sont lourdement atteints d'autant qu'elle se déroule sur deux épisodes paroxysmaux avec un redoutable effet « double lame ». La vie macroscopique, car les microbes s'en tirent toujours, a bien failli s'éteindre sur Terre lors de cette crise. Celle qui suit est la plus bénigne des cinq majeures. Elle intervient à la limite entre le Trias et le

Jurassique et s'étend sur presque 17 millions d'années. Elle voit le succès des dinosaures qui s'installent et qui vont ensuite dominer de nombreux écosystèmes pendant plus de 130 millions d'années. Enfin la dernière, sans doute la plus célèbre car elle a vu l'extinction des dinosaures et des ammonites, se place à la toute fin du Crétacé, juste entre les ères Secondaire et Tertiaire. Tous les groupes ne sont pas concernés au même titre et certains passent même entre les gouttes comme les insectes coléoptères ou encore de petits animaux nocturnes à qui nous devons d'être là, les mammifères. En revanche, la disparition des dinosaures et des ammonites qui jouaient des rôles clefs dans les écosystèmes du Secondaire a un impact écologique considérable.

Les crises sont souvent longues et polyphasées, certaines se déroulent sur plusieurs séquences, comme celle du Permien. La plus longue est celle du Trias car on connaît mal son début et sa fin. Celle du Crétacé-Tertiaire est plus rapide, sans doute entre un demi et deux millions d'années. La fourchette est large car elle dépend du critère pris en compte, des écosystèmes regardés, du groupe suivi, etc. Les autres crises durent à peu près un million d'années. Il ne semble pas y avoir de crises plus rapides. Cela nous montre bien les difficultés qu'il y a à parvenir à se situer dans le temps. Si l'on veut repérer l'instant fatal du début d'une crise et l'instant heureux de sa fin, il faut des repères temporels précis. Or le temps est un continuum et toute limite est par définition artificielle. On voit bien la difficulté des historiens à décider quand débute le Moyen Âge, quand commence la Renaissance en Italie, en France ou en Suède. Pourtant, les événements historiques sont bien connus et datés. Pour une crise de la biodiversité, les paléontologues sont censés déterminer une date universelle, valable sur toute la Terre, à partir d'événements pas toujours synchrones : tous les groupes ne sont pas affectés exactement au même moment, les mers ne réagissent pas avec la même sensibilité que les terres et tous les recoins de la planète ne sont pas touchés en même temps. Cela devient une affaire de convention, comme lorsque l'on décide que l'année commence le 1er janvier, alors que pour les Romains, c'était en mars.

Vous l'aurez compris, lorsqu'il s'agit de dater les crises, leur début, leur fin, et donc d'apprécier leur durée, le cadre temporel ne sera jamais aussi précis que souhaité. Il le sera d'autant moins que la précision des datations s'amenuise lorsque l'on remonte loin dans le passé de la Terre. Il demeure donc une approximation sur la durée totale des événements perturbateurs et il nous appartient de rester prudents dans nos interprétations.

Le Crime de l'Orient-Express

La littérature scientifique et la culture populaire suggèrent deux prétendants majeurs comme facteurs explicatifs des crises de la biosphère : éruptions cataclysmiques, explosion fracassante d'une météorite. Comment de grands événements volcaniques avec émissions d'énormes quantités de lave et des impacts de météorites se corrèlent-ils aux épisodes de crise ? Pour la première des crises, à l'Ordovicien, il n'y a ni trace de météorites ni trace de volcanisme. Toutefois, cette période très ancienne aurait pu laisser le temps à la tectonique des plaques d'avaler tout témoin de tels événements. Pour la deuxième crise, le volcanisme est bien présent, mais pas très bien daté et il existe un cratère d'impact en Suède, quoique un peu asynchrone. Pour la grande crise du Permien, de vastes épanchements volcaniques sont encore visibles en Sibérie, mais pas de météorite avérée, en dépit de tous les efforts pour en trouver la trace. Au Trias, on a du volcanisme dans l'Atlantique et une météorite importante au Québec. Enfin, pour la fameuse crise du Crétacé-Tertiaire, on observe du volcanisme en Inde, volcanisme qui débute largement avant la crise, et on a un très gros impact de météorite au Mexique. Néanmoins, il existe plusieurs cratères de météorites, de tailles au moins équivalentes à ceux associés à une crise, mais sans crise à la clef. Comme il y a des crises sans météorites et des météorites sans crise, il est facile d'en déduire que celles-ci ne sont un facteur ni suffisant ni nécessaire pour expliquer une crise. Quant au volcanisme, une bonne corrélation existe entre l'âge des crises et l'âge du volcanisme, même si elle demeure imparfaite. Le volcanisme, s'il n'est sans doute pas seul en cause, est un facteur explicatif des crises plus pertinent que ne le sont les météorites, même si cela fait moins rêver ou suscite moins d'images cauchemardesques.

En guise de synthèse, on peut annoncer que les crises ont été longues – immensément longues à échelle humaine –, généralement polyphasées, complexes, et le facteur qui a le plus fragilisé la biodiversité est le changement climatique, quels qu'en aient été les déterminants initiaux (volcanisme, météorite, géographie des continents...). Enfin, bien que les facteurs forçants soient multiples, le volcanisme est souvent présent.

Pour bien fixer les idées, j'aime faire référence à l'image trouvée par mon collègue et ami, le géologue Patrick de Wever, selon laquelle les facteurs de crises sont comme les assassins du roman d'Agatha Christie, *Le Crime de l'Orient-Express* : il y a plusieurs coupables ! Les crises sont toujours multifactorielles.

Quelles ont été les réactions de la biosphère aux crises du passé ?

Comment la biosphère réagit-elle devant une perturbation majeure ? C'est-à-dire, comment les crises anciennes se sont-elles inscrites dans le registre fossile ? L'observation attentive des couches sédimentaires qui coïncident avec les crises montre qu'elles sont vides. Il n'y avait plus personne à ce moment-là ! Pour la plus grande crise qui ait jamais existé entre le Primaire et le Secondaire, la référence stratigraphique mondiale se trouve en Chine à Meishan, les bancs concernés portent les numéros 262 et 263 et ils ne renferment pas de fossiles, tout comme leurs contemporains que l'on peut observer dans d'autres lieux de la planète. Cela signifie que la vie était devenue très rare au moment de leur dépôt. N'en déplaise aux amateurs de scénarios catastrophes, les crises du passé n'ont jamais été des hécatombes. Si cela avait été le cas, on aurait, juste avant la crise, des bancs sédimentaires remplis de fossiles, cadavres des organismes victimes de la catastrophe. Si les bancs sont vides, c'est que les crises ont été de lents déclins de la biodiversité – lents, à notre échelle de temps –, des diminutions de l'abondance de nombreuses espèces, ce qui a bouleversé le fonctionnement des écosystèmes et qui, *in fine*, s'est traduit par des extinctions en chaîne. Après le constat de leur caractère multifactoriel, l'autre enseignement important que l'on peut tirer de l'étude des crises du passé est qu'une crise ne tue pas ! Elle ne provoque pas de mortalité brutale en masse comme le font les hécatombes. Les hécatombes sont dues à des cataclysmes importants : séisme, inondation, cyclone, incendie, glissement de terrain, épidémie… Les hécatombes sont locales, au pire régionales, comme l'ont sinistrement illustré les grands incendies qui ont ravagé l'Australie en 2019-2020. De très nombreux individus de plantes, d'animaux, de micro-organismes succombent, les cadavres vont joncher le sol ou flotter à la dérive et quelques-uns vont être enfouis et fossilisés. Bien sûr, parmi les fauteurs des grandes crises, certains ont aussi provoqué des hécatombes régionales, mais alors les deux phénomènes, déclin et décimation, se superposent. Lorsque la météorite frappe le Mexique à la fin du Crétacé, les populations sont touchées de plein fouet, mais si les effets de cet impact portent le coup de grâce, le déclin des dinosaures sous l'effet d'autres facteurs comme le volcanisme avait commencé bien avant.

La dynamique propre des crises reste bien celle de diminutions d'abondance, elles-mêmes dues à la diminution du succès reproducteur de nombreuses espèces. Ces nombreuses espèces, pour des raisons environnementales, climatiques ou autres, font de moins en moins de rejetons. De génération en génération, les effectifs diminuent et l'espèce finit par disparaître faute de descendants. Une crise, ce n'est pas : « On va tous mourir », mais : « Nous aurons de moins en moins de descendants et notre lignée va s'éteindre. » La représentation romancée où un dinosaure regarde avec terreur une météorite fondre sur lui est totalement fausse. La crise Crétacé-Tertiaire provient, par une conjonction de facteurs divers, du fait qu'il y a eu de moins en moins de jeunes dinosaures qui naissaient, de moins en moins d'œufs pondus ou atteignant l'éclosion, ce qui a abouti à une extinction très progressive des espèces de dinosaures. Preuve en est que ce déclin s'est étendu sur plus de 5 millions d'années.

Les crises anciennes nous apprennent aussi que la biodiversité leur a toujours survécu, sinon nous ne serions pas là pour en parler. Est-ce à dire que nous pourrions nous montrer optimistes ? Pas tant que ça, car elles enseignent également que les biodiversités qui ont rebondi après les crises mettent un certain temps à le faire. Ce point devrait nous intéresser car si nous provoquons une sixième crise, il faudra bien en sortir. Une étude faite sur les ammonites qui ont traversé celle qui sépare le Primaire du Secondaire pourrait nous rassurer. En effet, là où l'on pensait que la récupération se faisait en 10 millions d'années, des analyses plus précises fondées sur un échantillonnage très important démontrent que le rebond post-crise est en réalité beaucoup plus rapide. Il intervient après un seul petit million d'années. Mais un rapide rebond d'un million d'années reste quand même un peu long à l'aune de nos vies, de celle de nos civilisations, et plus encore de celles des décisions politiques.

C'est une évidence de dire que chaque crise du passé géologique a signé un renouvellement des écosystèmes ; sans quoi il n'y aurait pas eu crise. La biosphère qui suit la crise n'est pas la même que celle qui la précède, et la différence peut être considérable. Prenons deux exemples emblématiques et, sous des apparences semblables, assez contrastés.

Le premier est celui de la grande crise du Permien. À la fin de l'ère Primaire, les fonds marins des plates-formes continentales, entre le littoral et 200 mètres de profondeur, sont peuplés par une incroyable diversité d'animaux filtreurs, se nourrissant de particules planctoniques. Parmi eux, les échinodermes se taillent la part du lion. Crinoïdes et blastoïdes, cousins des oursins et étoiles de mer, se comptent par milliards. Ces animaux évoquent des fleurs avec un système d'ancrage sur le fond marin, une tige et une corolle de ramifications qui servent à capter le plancton. Arrive la crise, les blastoïdes disparaissent tous et les crinoïdes en réchappent de justesse (les formes pédonculées, équivalentes de celles du Primaire, ne sont aujourd'hui présentes que dans les abysses). Les grandes prairies animales sous-marines de la fin du Primaire ont disparu à jamais.

L'exemple le plus parlant, car il nous touche directement, est celui de la dernière des grandes crises, celle de la limite Crétacé-Tertiaire. Les faunes du Crétacé étaient dominées par les dinosaures qui occupaient de nombreux environnements, terrestres bien sûr, mais aussi marins. À cette époque, les mammifères étaient des bêtes discrètes, plutôt nocturnes, pas très grosses bien que déjà très diversifiées. L'extinction des dinosaures non aviens (car les oiseaux sont les descendants des dinosaures) a ouvert la porte à l'essor des mammifères qui se sont installés dans tous les environnements, des plus chauds aux plus froids, continentaux comme marins, au fil de l'ère Tertiaire. Cette période a été marquée par une augmentation de taille considérable chez plusieurs groupes de mammifères qui sont devenus les nouveaux « géants ». Dans les mers du Crétacé, les ammonites étaient partout, jouant un peu le rôle écologique de « poissons » – qui pourtant étaient également présents. Mais avec leur disparition, une importante radiation de groupes de poissons amorcée à la fin du Crétacé s'épanouit au Tertiaire. Ces exemples attestent de bouleversements des écosystèmes. Ce ne sont plus les mêmes équilibres qui régissent la biosphère, et dans ce grand jeu de chamboule-tout, il y a eu des perdants et des gagnants. Ce constat devrait nous guider et nous inciter à la prudence.

Ces deux exemples attestent que la sévérité écologique d'une crise n'est pas proportionnelle au nombre d'espèces affectées. Dit autrement, ce n'est pas parce que relativement peu d'espèces disparaissent que l'impact sera faible car tout dépend des espèces touchées et de leur rôle dans les écosystèmes. Au Permien, de très nombreuses espèces sont touchées et la biosphère est bouleversée en profondeur. Au Crétacé, de nombreux groupes ne sont pas, ou ne sont que peu atteints à l'instar des microscopiques radiolaires du plancton, des plantes à fleur, des insectes ou des crocodiles. Dans les deux cas la crise est intense, mais l'effet est dû à un impact de masse, quantitatif au Permien, alors qu'il est dû à un impact ciblé, plus qualitatif, au Crétacé. La gravité d'une crise se pose avant tout en termes de sévérité écologique quelle qu'en soit l'origine, ciblée ou massive.

Ce bref tour d'horizon permet de tirer quatre enseignements principaux des crises anciennes : 1) toutes ont été multifactorielles ; 2) toutes ont fonctionné par des déclins d'abondance et n'ont pas été des hécatombes ; 3) les rebonds post-crise ont été des témoignages de la résilience de la biosphère en général et des écosystèmes en particulier ; 4) leur sévérité n'a pas été seulement l'affaire de taux d'extinction.

Crise et réchauffement, le cas particulier du PETM

Le cas fameux du *Paleocene-Eocene thermal maximum*, vieux de 55 millions d'années, mérite que l'on s'y attarde. Il est en effet instructif de l'approfondir car il est souvent considéré comme un analogue de la situation actuelle. Un réchauffement bref, mais brutal, se produit. Il y a des extinctions chez des formes marines microscopiques notamment, des migrations d'espèces et, donc, des renouvellements fauniques. Nous avons vu qu'il a correspondu à un réchauffement important et soudain de la Terre accompagné d'une hausse du niveau marin de 50 à 100 mètres.

Au moment où cet épisode de réchauffement survient, la planète baigne déjà dans un climat très doux que l'on qualifie de période *greenhouse* (serre) car même aux plus hautes latitudes, le climat reste clément et il n'y a pas ou peu de glace aux pôles. Par ailleurs, ce climat est assez homogène et les ceintures climatiques peu marquées. Un réchauffement très rapide, de l'ordre de quelques milliers d'années, et ample se produit alors. Il va durer environ 150 000 ans. Les modèles paléoclimatiques envisagent que la température moyenne annuelle de l'eau de mer a augmenté de 5 à 7 °C en moins de 20 000 ans, atteignant 34 °C dans de vastes zones de l'océan, et 23 °C en été dans les eaux polaires. Par comparaison, aujourd'hui, la température moyenne des océans est de 27 à 29 °C sous les tropiques et de 2 à 5 °C à proximité des pôles en été. Quant à l'atmosphère, elle se serait réchauffée de 7 à 8 °C, dépassant 32 °C de moyenne globale avec des moyennes à 50 °C sur certains continents.

Les mécanismes susceptibles d'avoir engendré un tel phénomène ne sont pas légion. Une activité volcanique aux dorsales induisant une expansion des planchers océaniques et des émissions de CO_2 a été observée, tout spécialement dans l'Atlantique Nord. Selon les estimateurs fossiles utilisés (plancton, émail dentaire, paléosols, feuilles) le taux de CO_2 dans l'atmosphère aurait été compris entre 500 et 1500 ppm (à comparer aux 240 ppm préindustriels et aux 410 ppm actuels). Mais ces valeurs ne suffisent pas à expliquer l'ampleur du réchauffement, ce qui signifie que le CO_2 n'a sans doute pas été seul en cause. Un autre facteur de réchauffement aurait pu être la libération de méthane par des clathrates. Les clathrates sont des hydrates de gaz, sortes de cages moléculaires qui renferment une molécule de méthane. Ces cages sont fragiles car elles ne sont stables – en position fermée – qu'à certaines conditions de pression et de température. Ces conditions de stabilité font que les clathrates sont actuellement localisés dans les sols gelés de Sibérie et du Canada, mais aussi dans les océans entre 500 et 1 000 mètres de profondeur, au niveau du talus continental. Si les conditions changent par réchauffement ou baisse de pression, les cages instables s'ouvrent en libérant du méthane dans l'atmosphère. Or le méthane est un gaz à effet de serre 25 fois plus puissant que le CO_2, même si sa persistance dans l'atmosphère est plus courte. Il a la capacité de provoquer un important réchauffement et surtout de provoquer un emballement du processus : plus de clathrates seront brisés, plus il y aura de méthane libéré, plus il fera chaud et plus d'autres clathrates seront déstabilisés. Un tel emballement a peut-être été la cause du changement brutal du climat lors du PETM. On peut imaginer qu'aujourd'hui, si le réchauffement dépassait un certain seuil, le méthane des clathrates de sols gelés de Sibérie et du Canada pourrait être libéré, conduisant à un réchauffement très important et incontrôlable. Cette hypothèse ne relève pas de la science-fiction car ces derniers étés, des bulles énormes sont apparues dans le pergélisol, provoquant, outre le largage de méthane, de spectaculaires cratères de plusieurs mètres de diamètre en Yakoutie (Sibérie orientale).

Quels ont été les principaux impacts biologiques du réchauffement du PETM ? Tout d'abord, l'extrême acidification des océans, un phénomène dont on commence également à voir les prémices aujourd'hui. Il y a 55 Ma, cela a conduit à l'extinction de nombreuses espèces marines unicellulaires et microscopiques, les foraminifères. Des migrations de faunes ont également eu lieu. Du fait du climat tempéré qui règne aux hautes latitudes nord, des corridors de migration s'ouvrent entre l'Eurasie et les Amériques. Cette période marque ainsi l'arrivée de plusieurs groupes de mammifères en Amérique du Nord : artiodactyles et périssodactyles, en plus de primates comme nous l'avons vu avec le périple du petit *Teilhardina*. Les impacts du réchauffement ont aussi concerné la végétation terrestre et sa relation aux insectes. Il existe différentes façons pour les insectes de consommer des feuilles, ce que l'on appelle la folivorie : les poinçonner en faisant des trous, brouter les bords, suivre les nervures, ou racler la pellicule à leur surface. L'observation minutieuse des fossiles de feuilles de la période du PETM a démontré une augmentation de certains types de folivorie par les insectes, en particulier les perceurs et les brouteurs devenus plus voraces et sans doute plus nombreux par rapport aux périodes précédentes ou suivantes. La taille moyenne des mammifères a aussi décru. Le sympathique *Ectocion*, petit herbivore fossile à sabots d'Amérique du Nord, passe ainsi de 9 à 4 kilogrammes.

Ce qu'on doit retenir du PETM, au cours duquel les changements climatiques furent sans doute moins rapides que le changement actuel, mais malgré tout brutaux, c'est qu'il s'est traduit par une gamme très large de modifications : relais temporels entre les faunes, extinctions, migrations. Ce qui nous intéresse dans cet épisode est sa relative brutalité, toute relative puisque la montée en puissance du réchauffement couvre plusieurs millénaires. Ce qui nous rassure est qu'il a été marqué par relativement peu d'extinctions ; peut-être est-ce pour cette raison que l'on se plaît à le prendre pour analogue de ce qui nous arrive. Ce qui pourrait nous inquiéter, c'est que même avec des extinctions ciblées et finalement assez rares, le visage de la planète a été fortement changé.

Le climat dans tout ça

Depuis des décennies, nous réinjectons dans l'atmosphère du carbone fossile sous forme de gaz carbonique, générant un effet de serre, avec une possibilité d'emballement de cet effet si le méthane du permafrost était libéré en masse par les clathrates, à l'instar de ce qui a dû se produire lors du PETM. L'indicateur CO_2 est désormais le plus médiatisé, le plus connu, et il est même implicitement présent sur les étiquettes qui nous informent des performances énergétiques de notre électroménager, sans parler de nos logements classés en A, B, C ou D selon leurs besoins en chauffage.

Le taux de gaz carbonique dans l'atmosphère est exprimé en « parties par million », en abrégé ppm. On estime que ce taux avoisinait 260 ppm il y a 200 ans, en mai 2016 le seuil de 400 ppm a été dépassé, et depuis il ne cesse de s'élever ; il était de 415 ppm en 2019, valeur inédite depuis trois millions d'années. Il est plus ou moins admis que la limite pour que la biosphère actuelle ne soit pas totalement déséquilibrée serait au grand maximum 600 ppm. On peut néanmoins se demander si cette hausse n'est pas anodine en comparaison avec les fluctuations climatiques qu'a connues la planète à différents moments de son histoire géologique.

Au cœur des années 1960, le scientifique Claude Lorius se détend avec quelques collègues après une journée sur le terrain en Antarctique. En regardant des bulles émerger des glaçons polaires qu'il a plongés dans son verre de whisky, il a l'idée d'analyser les bulles de gaz incluses dans les carottes de glace antarctique. Ce jour-là, il ouvre une fenêtre sur presque un million d'années de l'histoire de notre atmosphère. Le constat a alors été dressé que le taux actuel est très élevé et qu'effectivement jamais ce niveau n'a été atteint au cours des derniers 800 000 ans, pourtant émaillés par les oscillations glaciaires-interglaciaires, c'est-à-dire des alternances de périodes très froides et de périodes tempérées comme celle que nous vivons depuis 15 000 ans. Sceptiques et contempteurs n'ont pas manqué, certains célèbres comme Claude Allègre ou le commandant Cousteau qui, bien que non scientifique ni spécialiste, n'hésitait pas à clamer en 1979 « on commence à me casser les oreilles avec cette histoire de CO_2 », lors d'un débat de l'émission *Les Dossiers de l'écran* à laquelle participait également Claude Lorius. L'affaire est désormais entendue, les prévisions du GIEC faites il y a plus de 20 ans se sont révélées exactes, voire sous-estimées, la démonstration établie que nos activités ont emballé la machine à CO_2 et ce ne sont pas les couinements de quelques climato-négationnistes égarés, même relayés par des médias avides de polémiques, qui changeront un fait scientifique en lanterne.

Bien au-delà de l'histoire récente des cycles glaciaires-interglaciaires de ce dernier million d'années, histoire désormais très bien documentée, quels enseignements tirer du passé profond de notre planète ? On constate qu'à certaines périodes, comme au début de l'ère Primaire aux alentours de 500 millions d'années, le taux de CO_2 dans l'atmosphère a pu s'élever jusqu'à presque 20 fois la valeur actuelle. Plus proche de nous, vers 125 millions d'années, des affleurements du Sud-Est de la France montrent des alternances entre des marnes et des calcaires. Ces couches témoignent d'oscillations régulières entre des périodes où il y avait un peu de glace aux pôles et des périodes où il n'y en avait pas du tout. L'analyse de ces cycles sédimentaires prouve que des fluctuations haute fréquence (de l'ordre de quelques dizaines de milliers d'années) ont aussi existé à des époques anciennes. Dans le détail, l'histoire des climats est peut-être plus compliquée qu'on ne l'envisageait.

L'analyse chimique des roches, notamment des roches carbonatées, permet d'estimer des paléo-taux de CO_2 atmosphérique que l'on peut transcrire en paléo-températures. Différents estimateurs fournissent des valeurs encadrées par des barres d'erreur et plus on remonte dans le passé, plus l'estimation est délicate. Néanmoins, des observations complémentaires viennent au secours des géochimistes : présence de témoins glaciaires dans les sédiments, fossiles de faune ou flore d'affinité chaude ou froide... Tous ces signaux renforcent les estimations faites, d'autant que l'ampleur des fluctuations est telle que nous pouvons avoir une vision globale exacte de la trajectoire climatique de la planète au cours des derniers 600 millions d'années, tant pour le CO_2 que pour sa traduction en température. Sur ces bases, un graphique de la température sur Terre montre qu'aujourd'hui, il fait froid ! Depuis environ 35 millions d'années la planète est entrée dans une période froide où des calottes glaciaires sont installées aux pôles. Le film du climat montre que ces périodes ont été assez exceptionnelles dans l'histoire de la Terre qui, pour l'essentiel, s'est déroulée avec des pôles libres de glace. Depuis le début de l'ère Primaire, seules trois périodes ont été suffisamment froides pour que des glaces s'installent aux pôles, trois périodes qualifiées de *icehouse* qui s'opposent aux périodes *greenhouse*. La première de ces périodes froides date de 450 millions d'années, à la fin de l'Ordovicien, et coïncide avec la première des cinq grandes crises ; un autre épisode a lieu vers la fin du Carbonifère il y a 290 millions d'années, puis vient la période amorcée depuis 35 millions d'années qui se poursuit aujourd'hui. On pourrait donc en conclure que le réchauffement actuel est anodin puisque la Terre a été le plus souvent beaucoup plus chaude que maintenant avec des taux de CO_2 atmosphérique bien plus considérables.

Mais est-ce uniquement une question d'ampleur, plus chaud, plus froid ? Car si le monde a été bien souvent plus chaud qu'il ne l'est aujourd'hui, il était également fort différent. Toute la biosphère était autre, adaptée aux conditions du moment. Au petit jeu de la rétro-fiction, si nous étions téléportés dans une plaine côtière du Dévonien, je ne parierais pas sur nos chances de survie, et pas seulement du fait de quelques prédateurs, mais parce que, avec 10 fois le taux actuel de CO_2, 25 % d'oxygène en moins, un climat extrêmement chaud et plutôt aride, nos fonctions physiologiques souffriraient. Nous ne serions simplement pas adaptés à de telles conditions. La Terre a traversé des contextes très différents, mais pour chacun d'eux, l'évolution a permis à la vie de s'adapter, de s'ajuster aux environnements d'alors. Formulé autrement, nous nous sentons à l'aise sur Terre car le fonctionnement biologique de notre espèce a eu le temps, au fil d'une longue évolution depuis nos lointains ancêtres, de se caler sur les conditions ambiantes. À la lumière de ce constat, on prend conscience que les vitesses de changement sont cruciales, car depuis 35 millions d'années, la biosphère a eu le loisir de se transformer pour s'adapter à un climat frais avec de la glace aux pôles. Depuis quelques décennies, nous jouons avec le thermostat et provoquons des changements rapides que la vie a du mal à suivre. À quel point poussons-nous le curseur trop loin ? Depuis 800 000 ans, les alternances entre glaciaires et interglaciaires se sont succédé, permettant d'apprécier la vitesse de sortie d'un glaciaire pour passer à un interglaciaire. La différence de température moyenne entre glaciaire et interglaciaire est de l'ordre de 6 °C, c'est-à-dire que si l'on refroidissait la planète actuelle de 6 °C, les calottes couvriraient tout le nord de l'Europe et les glaciers alpins s'étendraient jusqu'à Lyon. Les conséquences d'une variation de 6 °C en température moyenne sont donc énormes, mais elles se sont toujours inscrites sur la durée. En effet, la pente de réchauffement d'un glaciaire à un interglaciaire s'inscrit dans un intervalle de 6 à 10 °C en 5 000 ans, ce qui représente un réchauffement beaucoup moins rapide qu'aujourd'hui. Plus près de nous, l'épisode de l'optimum climatique du Moyen Âge daté autour de l'an mil. Le réchauffement touche l'Europe, mais il n'est pas global et il reste considérablement plus lent que celui que nous vivons. Pour être complet, plusieurs oscillations de vitesse comparable, voire supérieure, à celle en cours ont été signalées au sein de la dernière période glaciaire : réchauffement rapide en quelques décennies, suivi d'un refroidissement sur plusieurs siècles. Mais ces événements se sont produits au sein d'un glaciaire, marquant une transition entre des conditions extrêmement froides à très froides. Ils ont surtout concerné l'hémisphère Nord et ont été attribués à une instabilité des calottes glaciaires ou à une modification des circulations océaniques.

Retenons que les climats anciens ont oscillé fortement, beaucoup plus que la tendance de ces dernières décennies, mais que la biosphère n'a quasiment jamais vécu d'oscillations climatiques de même vitesse que celle observée aujourd'hui, même si les ampleurs ont pu être beaucoup plus importantes. Retenons encore qu'au rythme où vont les choses, en 2050 le climat de Londres pourrait ressembler à celui de Madrid aujourd'hui, soit un saut de 1 200 kilomètres en 30 ans.

Partie IV

Sixième extinction : mythe ou réalité ?

Les ingrédients d'une crise majeure sont-ils réunis ?

Le récent constat de l'IPBES (équivalent pour la biodiversité de ce qu'est le GIEC pour le climat) est sans appel. En mai 2019, il annonçait que 500 000 à un million d'espèces allaient décliner et, à terme, être menacées d'extinction dans les prochaines décennies. Un an auparavant, le Muséum et le CNRS alertaient sur le « Printemps silencieux » et le déclin sans précédent des oiseaux. Parallèlement, une étude allemande témoignait de l'effondrement des populations d'insectes dans des espaces protégés. Une autre étude soulignait le déclin des mammifères ordinaires en France, une autre encore la disparition annoncée de la grande faune africaine. Toujours pour les insectes, le déclin touche tous les environnements avec parfois des pics inquiétants, comme la chute de 98 % des insectes de Porto Rico. Or, si les insectes déclinent, c'est tout un réseau qui se trouve impacté : moins de pollinisation, moins de fruits, moins de petits amphibiens, oiseaux ou mammifères insectivores, moins de prédateurs de ces insectivores… N'oublions pas que nous pourrions nous retrouver à un moment ou un autre en bout de chaîne.

Comme nous l'avons vu, les crises ont relevé d'un mécanisme de déclins d'abondance du fait de changements touchant de nombreux écosystèmes qui, comme des dominos, se sont effondrés les uns après les autres. Comme la référence policière au *Crime de l'Orient-Express* l'a illustré, les crises du passé de la Terre ont toutes été multifactorielles avec les changements climatiques en forçage ultime.

Premier sujet, le mécanisme. Année après année nous sommes informés que des catastrophes surviennent, comme une terrible marée noire qui décime les oiseaux marins, la pollution d'une rivière qui charrie des flots de poissons morts, une inondation qui noie silencieusement une foule d'animaux incapables de fuir… mais ces drames locaux ne font pas une crise. En revanche, la diminution drastique des populations d'oiseaux ordinaires (pinsons, rouges-gorges, mésanges, chardonnerets, moineaux de nos villes, etc.) au fil des dernières décennies est bel et bien un déclin des abondances, un déclin lié à une diminution du succès reproducteur. Bien qu'un quart des oiseaux européens aient disparu en 30 ans, nous n'avons pas marché sur des oiseaux morts le long des routes, le long des chemins, dans les rues, dans les champs. La crise est sournoise, silencieuse, c'est bien ce que prédisait Rachel Carson dès 1962 : une chute des effectifs sans extinction d'espèces, du moins pour le moment. Tout le monde l'a désormais constaté : il y a de moins en moins d'insectes sur les pare-brise de nos voitures. Les insectes n'ont pourtant pas appris à éviter les voitures. Et s'il y a moins d'insectes, il y aura aussi moins d'oiseaux insectivores. On voit bien comment l'usage d'insecticides ou de pesticides affecte tout un réseau. Aucune de ces espèces n'est éteinte, ni même en danger grave d'extinction, mais les dominos oscillent.

Prenons un autre exemple, peut-être moins connu et qui concerne une seule espèce, *Gadus morhua* : la morue de Terre-Neuve qui devient cabillaud dans nos assiettes. Le recours à des techniques de pêche très efficaces avait permis d'accéder à des zones plus profondes et d'atteindre des prélèvements approchant les deux millions de tonnes à la fin des années 1960. S'est ensuivi un premier effondrement des captures dans les années 1970, puis la mise en place de quotas qui permirent un rebond dans les années 1980. Mais les morues pêchées étaient de plus en plus petites et, en 1992, l'effondrement brutal et complet imposa un moratoire sur la pêche à la morue sur les Grands Bancs de Terre-Neuve. On avait pu avoir l'impression qu'il y avait toujours des poissons, alors qu'au prix d'un effort de pêche considérable on écumait les derniers poissons. Vingt ans après le début du moratoire, les morues espérées n'étaient toujours pas revenues. L'écosystème des Grands Bancs avait basculé dans un nouvel équilibre. Dans l'état initial de cet écosystème, les morues adultes abondantes exerçaient une pression de prédation sur les populations de poissons plus petits qui eux-mêmes consommaient de très jeunes morues. Une régulation s'était instaurée. Le prélèvement des grosses morues a produit le double effet de réduire le nombre de leurs descendantes tout en favorisant les poissons de taille intermédiaire prédateurs des petites morues restantes. Le stock a en quelque sorte été grignoté par les deux extrémités : morues adultes et jeunes morues. En prime, les prises accessoires, ces prises non voulues, ont touché une espèce, le capelan, qui est une des sources de nourriture des morues qui se sont, en plus, vues affamées. *Gadus morhua* n'a jamais été en danger d'extinction car d'autres stocks existent dans l'Atlantique, y compris au large du Labrador. Mais le voyage escompté de ces autres morues vers Terre-Neuve n'a pas eu lieu et, sur place, les stocks ne se reconstitueront pas avant, au mieux, de nombreuses décennies. Décidément, cette faune sauvage se montre peu coopérative.

J'en profite pour faire un détour vers un sujet connexe, dont on a du mal à prendre la mesure et qui touche à l'énergie. À la fin du XIXe siècle, à l'époque de l'épopée des petits chalutiers qui se risquaient sur les Grands Bancs de Terre-Neuve – souvenons-nous de Pierre Loti et *Pêcheur d'Islande* –, l'énergie totale dépensée pour capturer un kilogramme de poissons était faible. Il s'agissait de l'énergie nécessaire pour construire un bateau en bois, de celle du vent et du charbon, de celle des bras des pêcheurs. Créons un indice d'efficacité. Attribuons-lui par convention une valeur de 100 par kilogramme de poissons en 1890. Qu'en est-il aujourd'hui avec nos instruments modernes ? Notre technologie et tout ce qu'elle emporte avec elle, gros bateaux, sonars, immenses filets, ont fait dégringoler cet indice à 6 ! Il faut donc dépenser 17 fois plus d'énergie pour ramener le même kilogramme de poissons. Cette chute d'efficacité, de rendement énergétique, est largement imputable à l'effondrement des stocks : il faut beaucoup d'énergie pour traquer les derniers poissons. Ce qui fait que notre efficacité s'est rabougrie à 6 % de ce qu'elle était au tournant du XXe siècle. Vraiment pas glorieux !

On pourrait s'arrêter un instant sur la disparition très médiatisée de quelques espèces emblématiques. Une médiatisation qui offre l'intérêt de sensibiliser le grand public, de braquer les projecteurs sur la biodiversité. Mais si je me lance dans une provocation douteuse, je pourrais proclamer que si l'éléphant disparaissait, ce ne serait pas si grave, pas si terrible. Attention, je serais infiniment triste et profondément déprimé, parce que éthiquement on n'a pas le droit de rester indifférent devant la disparition d'espèces quelles qu'elles soient. Nous n'avons pas le droit de priver nos enfants de la beauté de ces espèces. Ce serait bien un crime. Mais écologiquement, la disparition de l'éléphant ne ferait pas plus que perturber, sans véritablement la bouleverser, la savane qui les accueille. Cela n'impactera pas le reste de la planète. À l'inverse, déclin et disparition de la petite faune des sols, vers de terre, collemboles, petits gastéropodes… qui se déroulent dans l'indifférence générale, loin des projecteurs médiatiques, seraient beaucoup plus dramatiques, car cette faune est indispensable au fonctionnement des sols et donc à tout ce qui y pousse, à tout ce qui vit à leur surface, y compris les éléphants, d'ailleurs.

Nous sommes bien aujourd'hui confrontés à des déclins et, pour beaucoup, à des déclins d'espèces anodines, anonymes, invisibles pour ainsi dire. La comparaison avec les crises du passé est édifiante : c'est exactement comme ça qu'elles ont fonctionné. Les mécanismes sont les mêmes.

La dimension multifactorielle est une autre caractéristique essentielle que soulignent les grandes crises du passé géologique. Force est de constater que la situation actuelle présente un profil analogue. Prenez un sac à dos. Vous vous apprêtez à partir en randonnée, vous entassez divers objets dans votre sac, puis vous en ajoutez d'autres qui vous semblent tout aussi indispensables et, au-delà d'un certain seuil, le sac est devenu trop lourd, vous ne pouvez plus le porter. Chaque objet, donc chaque facteur de crise, n'est pas en lui-même trop pesant, mais cumulés, ils engendrent une situation qui n'est plus supportable. Impossibilité de porter le sac à dos et incapacité pour la biodiversité de conserver sa capacité de résilience face à l'addition des pressions que l'on exerce sur elle. Rappelons que ces principaux facteurs de pression sont : l'artificialisation des espaces et, corrélativement, la destruction de l'habitat des espèces ; les pollutions ; les déplacements d'espèces et, donc, les possibles invasions biologiques ; la surexploitation des ressources biologiques ; et les changements climatiques. La crise que nous vivons et précipitons aujourd'hui s'inscrit bien dans un système multifactoriel.

Pour avancer et redresser la situation, tant pour la biodiversité que pour les environnements en général, agir sur ces facteurs de pression est l'approche la plus évidente. Nous savons ce que nous devons faire ; nous devons alléger le sac à dos. Hélas, la précipitation de certains en direction de biens de consommation accessoires le jour même de sortie du confinement, le 11 mai 2020, laisse entrevoir que le sac ne va pas s'alléger tout de suite. Mais sommes-nous loin ou proches d'un gros, d'un très gros problème ?

La tour Eiffel

Transmettre des messages scientifiques n'est pas toujours simple. Pour y parvenir, j'ai une marotte qui est de passer par le truchement de comparaisons en ayant recours à des analogies parfois éloignées du sujet traité. Dans cet exercice, je fais régulièrement appel à la tour Eiffel.

Un écosystème est un ensemble d'espèces liées les unes aux autres par une multitude de relations de natures diverses : symbiose mutualiste, parasitisme, coopération, compétition, prédation… Bien loin des écosystèmes, la tour Eiffel est un ensemble de poutrelles liées les unes aux autres par des rivets ou d'autres poutrelles plus petites. On peut imaginer enlever des rivets ou une poutrelle à la tour Eiffel sans qu'elle s'effondre. On peut imaginer poursuivre en ôtant deux, puis trois, puis quatre poutrelles, en faisant sauter des rivets. Du fait de la redondance des reprises de charge, la tour Eiffel va rester en place, du moins jusqu'à un certain point. Mais à un moment donné, on va enlever la poutrelle de trop et la tour

Eiffel va s'effondrer. L'élégante tour va se transformer en un tas de ferraille éparpillé sur le Champ-de-Mars. Au strict plan de la matière, on aura toujours les 7 300 tonnes de charpente métallique, simplement la tour Eiffel aura changé d'état. Ce nouvel état ne rendra pas les mêmes services que ceux que rendait la tour Eiffel auparavant : télécommunications, tourisme, gastronomie… Il en va de même pour un écosystème. On peut porter atteinte aux effectifs de certaines espèces (ôter des « individus-rivets »), éradiquer complètement une espèce (« espèce-poutrelle »), puis une autre. Des phénomènes de compensation vont se mettre en place, de nouveaux réseaux vont s'installer entre espèces et l'écosystème va rester à peu près stable. Une forêt restera une forêt, un récif de corail restera un récif de corail. Mais à un moment donné, on va toucher l'espèce de trop et l'écosystème va basculer vers un nouvel équilibre, changer d'état, et ce nouvel état ne rendra pas forcément les mêmes services que ceux que rendait l'écosystème dans son état initial. De plus, contrairement à la tour Eiffel que l'on pourrait reconstruire, le retour à l'état initial risque fort d'être impossible. On peut illustrer cette impossibilité de retour en arrière d'un écosystème par une image, celle d'un paysage miniature de collines et de vallées descendant en pente douce vers différents points d'une vaste plaine. Une bille placée dans une vallée aboutira en A, B, C ou D selon la vallée empruntée. Le système est stable et résilient, c'est-à-dire que si je l'agite, la bille va avoir tendance à osciller sur les flancs des collines qui jouxtent sa vallée, puis revenant dans le creux de la vallée elle terminera sa course à l'endroit prévu. Mais si l'agitation que je provoque dépasse une certaine limite, la bille va franchir la colline et passer dans la vallée d'à côté. Elle pourra même, si la perturbation persiste, franchir une seconde colline et terminer sa course à un endroit totalement différent, un autre point de la plaine. Le dispositif illustre des effets de seuil (la hauteur des collines) et le caractère contingent des agitations provoquées qui, selon qu'elles se produiront à un moment où la bille est le long d'une colline élevée ou au droit d'une colline basse, se traduiront par un retour à l'équilibre ou un changement de destination. L'avenir qui s'écrira sera complètement différent et il est impossible de le prévoir.

Nous sommes face à un saut dans l'inconnu à l'échelle de la planète.

Où en sommes-nous ?

À partir de quelle poutrelle supprimée la tour Eiffel va-t-elle s'effondrer ? Sommes-nous sur un édifice chancelant, proche du rivet fatal, ou disposons-nous d'une marge confortable ? Cela revient à se lancer à prédire l'avenir, exercice dont on sait à quel point il peut être difficile. Néanmoins, nous ne sommes pas totalement dépourvus de ressources et nous disposons d'indicateurs pour poser un diagnostic sur l'état global de notre Terre.

L'indicateur qui vient en premier à l'esprit, le plus accessible en apparence, est celui du taux d'extinction des espèces depuis quelques siècles. Les données du *Millenium ecosystem assessment* fournissent une estimation de ce taux pour des groupes bien inventoriés, comme les oiseaux, les mammifères ou les amphibiens. En complément, dans un article publié dans la revue *Nature* en 2011, Anthony Barnosky a comptabilisé les extinctions constatées pour différents groupes zoologiques : elles sont peu nombreuses (de l'ordre de 1 à 3 % des espèces de chaque groupe, au maximum 10 à

12 %). Donc peu d'espèces se sont éteintes. Lorsqu'il inclut les espèces en danger d'extinction, le taux grimpe aux alentours de 20 %. Il reste à le comparer avec les grandes crises du passé géologique.

Des scientifiques ont découpé les 500 derniers millions d'années de l'histoire de la vie en 500 tranches et, pour chacune de ces tranches d'un million d'années, ont estimé le pourcentage d'espèces qui ne franchissaient pas la limite avec la suivante. Cela a permis de quantifier le bruit de fond des extinctions depuis, en gros, le début de l'ère Primaire. La courbe de distribution de ces extinctions indique un bruit de fond moyen d'environ 20 % par million d'années. Certaines tranches ont un taux d'extinction moindre et celles qui coïncident avec les cinq grandes crises affichent un taux de 75 à 80 %. Force est de constater qu'avec 1 à 3 % d'extinctions et 20 % en comptant les espèces en danger, on est loin du compte. Même en ajoutant le million d'espèces en sursis sur lesquelles l'IPBES a tiré la sonnette d'alarme, on reste loin du compte. Donc tout irait-il bien ? Pas vraiment, car cette arithmétique macabre oublie un peu vite les durées considérées : le million d'années dans un cas, quelques siècles dans l'autre. Si maintenant l'on extrapole les données recueillies depuis 200 ans sur une durée d'un million d'années, on obtient un taux d'extinction de 8 000 % pour les mammifères (ce qui signifie disparition complète en moins de temps car 100 % suffisent à les éradiquer). Toutefois, cet exercice revient à comparer une vitesse moyenne à une vitesse instantanée en passant d'une moyenne calculée sur un million d'années, à l'extrapolation de 200 ans au million d'années, ce qui est scientifiquement peu rigoureux. Certes ! Mais même si l'incertitude portait sur un facteur 10, le taux resterait de 800 %. Même si l'incertitude était d'un facteur 100, ce qui est énorme, bien au-delà des marges d'erreur, le taux serait encore de 80 %, donc celui d'une grande crise. Tout cela suggère fortement que la crise actuelle s'engage au minimum sur le même rythme d'extinction que celui des cinq grandes crises du passé, et sans doute même beaucoup plus. On est au tout début du voyage, mais on s'y engage très vite. Tout ne va pas si bien.

Un second indicateur participe à positionner le curseur sur la trajectoire environnementale de la planète, quelque part entre « tout va bien » et « l'effondrement est imminent », celui de la recherche de points de basculement. La parabole de la tour Eiffel souligne qu'existent des effets de seuil, mais qu'il est très difficile de les prédire. Un autre article d'Anthony Barnosky, publié en 2012, s'y risque. Il présente le pourcentage d'écosystèmes continentaux fortement affectés par les activités humaines : en 1700 il y en a peu et leur part s'accroît au cours des siècles qui suivent. Les prédictions convergent pour suggérer qu'un point de basculement, à partir duquel on ne pourra plus revenir en arrière, pourrait être atteint entre 2025 et 2045. C'est-à-dire que l'action humaine aura tellement déstabilisé les écosystèmes que la planète dans son ensemble basculera vers un autre mode de fonctionnement. En 2016, une autre étude, il y en a décidément beaucoup, explore la question des seuils par l'analyse de 14 biomes continentaux, de la forêt boréale aux déserts. Si l'on s'intéresse aux déclins d'abondance, cinq n'ont pas atteint le seuil critique de 20 %, trois sont à la limite du seuil, et six l'ont déjà franchi, dont les savanes ou la forêt méditerranéenne.

Les indicateurs mobilisés ci-dessus, d'une part touchent surtout aux systèmes continentaux, laissant l'océan de côté, et, d'autre part, portent sur la biodiversité connue, au mieux sur des extrapolations que l'on élabore. Sur ce double plan, les résultats des expéditions de la goélette *Tara* sont riches d'enseignements. Lors de sa navigation autour du monde, *Tara* a prélevé de l'eau à différentes profondeurs dans tous les océans. L'analyse par métaséquençage de la microbiodiversité planctonique des prélèvements a permis de se faire une idée du nombre de types génétiques différents qui étaient présents dans ces prélèvements. Et là, surprise, on a découvert un immense réservoir de diversité génétique insoupçonnée. On s'attendait à une myriade de formes virales ou bactériennes, mais l'autre surprise a été la découverte de plus de 100 000 espèces d'eucaryotes unicellulaires. Êtres vivants constitués d'une seule cellule qui sont au demeurant assez complexes. Ce sont des organismes dont on ignorait totalement l'existence et, bien sûr, le rôle dans le fonctionnement de l'océan. Nous venions de découvrir que nous étions ignorants ! Les leçons à en tirer sont de deux ordres. Primo, nous altérons des écosystèmes dont nous connaissons mal le fonctionnement ; secundo, les atteintes portées à la biodiversité et à la microbiodiversité inconnue sont peut-être plus fortes qu'escompté.

La planète est en marche vers une autre structuration de sa biosphère, ce qui correspond très exactement à une crise. Les questions désormais centrales sont : quelles sont les conditions qui environnent cette trajectoire ? Quelle est la vulnérabilité de la biosphère actuelle par rapport aux biosphères qui ont subi des crises dans le passé ? Est-elle plus ou moins vulnérable ? Comment sa structuration actuelle peut-elle amortir ou amplifier les impacts d'une crise potentielle ? Une illustration : il se trouve que les océans et les continents occupent aujourd'hui des positions globalement Nord-Sud. Ils recoupent donc les différentes ceintures climatiques et, géométriquement, ils isolent sur différents continents des écosystèmes équivalents. Ainsi le biome de la forêt tropicale est-il tronçonné entre l'Amérique du Sud, l'Afrique et l'Asie du Sud-Est. Au sein même des océans, le biome corallien est également scindé entre Indo-Pacifique et Atlantique. Si l'on se réfère à la grande crise Primaire-Secondaire avec une géographie totalement différente, une telle distribution des continents et des océans est-elle un facteur aggravant ou un amortisseur aux effets d'une crise ? Avoir ses œufs dans des paniers différents, mais plus petits et donc plus fragiles, est-il une bonne ou une mauvaise stratégie ? Honnêtement, on ne sait pas anticiper la réponse à cette question. Outre le contexte sur lequel nous n'avons aucune prise, cela dépendra de ce que seront les pressions exercées, démographiques, climatiques comme environnementales, et la résilience des systèmes locaux.

L'été sera chaud

Juillet 2019. Il fait 42,6 °C à la station du parc Montsouris à Paris, le record précédent est dépassé de 2 °C alors qu'il ne progressait que dixième par dixième. Les 46 °C à l'ombre sont atteints dans le Languedoc. Des températures auparavant dignes de la péninsule arabique sont alors relevées en France. Inimaginable il y a quelques années. À 900 kilomètres du pôle Nord, par 82° de latitude Nord, la température est montée à 21 °C et la fonte de la banquise a atteint un niveau record pour un début d'été. Le mois de juillet 2019 aura été le plus chaud enregistré sur Terre depuis que les relevés météorologiques existent, soit 1880. Il ne s'agit pas hélas que de 2019, mais bien d'une tendance à la hausse et l'Organisation météorologique mondiale (OMM) signalait que les cinq années 2015-2019 signaient la période la plus chaude mesurée depuis 1850. Il n'est plus possible de s'abriter derrière des arguments spécieux véhiculés par la formule « je ne suis pas climatologue, mais… ». Tous les résultats scientifiques attestent que nos activités sont bien à l'origine d'une part très dominante du réchauffement en cours et, comme suggéré par Christian Brodhag dans le magazine *Valeurs vertes*, il est temps d'abandonner le terme de climato-scepticisme pour passer à celui de climato-négationnisme. L'heure du doute, légitime en science, est derrière nous après plus de trois décennies de travaux rigoureux du GIEC.

Lorsqu'il s'agit d'environnement et en particulier de climat, nous avons une facilité à oublier qui serait fascinante si elle n'était pas tragique. Qui se souvient des incendies géants qui ont frappé le Portugal en 2017, faisant en l'espace de cinq jours 64 victimes ? Le Portugal sera à nouveau frappé en 2019. Qui se souvient du témoignage poignant du correspondant de l'AFP en Californie lors de l'incendie *Camp Fire* de novembre 2018 : « Les flammes dévoraient tout, maison après maison, magasin après magasin » ? Le bilan a pourtant été de 85 morts, de 620 km² calcinés et de la destruction de la ville de Paradise. Au total, 2018 aura vu la destruction par les feux californiens d'une zone de plus de 5 000 km², soit la surface des Bouches-du-Rhône. On pourrait évoquer l'Indonésie en 2015 et 2019 et, bien sûr, l'Australie fin 2019. Sans doute le plus vaste des mégafeux, celui qui reste dans nos mémoires tant il a frappé les esprits avec les images de ces pauvres koalas, kangourous ou wombats tentant d'échapper aux flammes, sévèrement brûlés, ou morts brûlés vifs. Ce sont 186 000 km² qui sont partis en fumée, l'équivalent d'un tiers de la France métropolitaine. Un désastre écologique qui pourrait avoir décimé plus d'un milliard de vertébrés et peut-être un million de milliards d'animaux pour peu qu'on leur ajoute les insectes, arachnides, vers… Cela mettra des années à cicatriser, mais aura sans doute vu la disparition de plusieurs espèces endémiques. Tous ces feux sont la conséquence de redoutables sécheresses, elles-mêmes imputables au réchauffement climatique, n'en déplaise à Donald Trump qui considère que le climat n'a rien à voir avec cela et qu'il suffirait de couper des arbres pour résoudre le problème : cyniquement parlant, il n'a pas tort puisque s'il n'y avait plus de forêts, elles ne pourraient plus brûler. Ces hécatombes environnementales qui, bien que vastes, restent localisées ne sont pas la seule conséquence du réchauffement en cours. D'autres ont des portées plus générales, notamment lorsqu'elles concernent la mobilité des espèces.

Soumises à des conditions qui s'écartent trop de leurs valeurs habituelles, les espèces vont avoir tendance à bouger, à suivre le mouvement[1]. Chez les plus mobiles, les individus vont se déplacer. Chez d'autres, ce sont les graines ou les larves qui feront le voyage. D'autres exploreront des innovations adaptatives. Pour d'autres enfin, ce sera l'extinction locale, voire totale.

Nous connaissons tous la misère des ours blancs confrontés à la fonte de la glace. Grâce aux images satellites, les chercheurs de la NASA ont pu reconstituer l'évolution de la banquise arctique qui a perdu

1. Voir le chapitre « La biodiversité en mouvement », p. 31.

96 % de sa surface de glace pérenne, celle qui reste à la fin de l'été et qui survit d'un hiver à l'autre, en 35 ans. On pourrait aussi évoquer la Grande Barrière de corail dont l'état a été rétrogradé en août 2019 de « mauvais » à « très mauvais » selon l'autorité australienne chargée de sa surveillance.

Il est largement admis que la fréquence et l'intensité d'événements extrêmes comme des cyclones sont en train de croître. En plus des atteintes environnementales qui les accompagnent – arbres arrachés comme lors de la tempête de décembre 1999 qui avait ravagé le parc du château de Versailles, vagues submersives comme sur la côte des Charentes, inondations comme celles dues aux pluies cévenoles... – ces événements extrêmes suscitent chez certaines espèces des réactions surprenantes. C'est le cas chez les *Anolis*, petits lézards arboricoles des Caraïbes qui s'accrochent aux branches sur lesquelles ils vivent grâce à de petits coussins poilus, véritables ventouses dont sont munis leurs doigts. Les scientifiques ont constaté que sur les îles ayant été le plus souvent traversées par des cyclones depuis 1950, les *Anolis* avaient développé des coussins plus larges permettant un meilleur ancrage en cas de tempête. Des mesures de la puissance d'ancrage de ces lézards – sans les faire souffrir – ont même été réalisées en soufflerie afin de vérifier la plus grande efficacité des coussins larges. Bel exemple d'adaptation anatomique rapide face à un changement environnemental tout aussi rapide.

À la fin de l'été 2019, un élu de Lorraine m'appelait pour demander quoi faire devant la mort de milliers d'arbres après la canicule de juillet : replanter les mêmes essences, changer? La réponse évidente est de changer, mais sa mise en œuvre opérationnelle n'est pas si simple. Un arbre de haute futaie vit plusieurs siècles. Une bonne anticipation serait donc de planter aujourd'hui des arbres qui seraient bien adaptés aux conditions prédites, disons pour 2100 ou 2150. Au-delà de la difficulté de telles anticipations à long terme, demeure celle d'installer en Lorraine un arbre idéal pour 2100, un olivier par exemple, mais qui risque de ne pas supporter les hivers lorrains d'aujourd'hui, surtout à un stade juvénile. Le forestier est ici confronté à l'obstacle de la vitesse du changement qui est incompatible avec certains rythmes biologiques. Le temps nécessaire à la croissance et à la vie d'un arbre est trop long rapporté à la vitesse du glissement des ceintures climatiques. Si le changement était plus lent, notre forestier et ses successeurs pourraient planter des essences acclimatées à des conditions intermédiaires et faire progressivement évoluer leur forêt. Ce n'est pas possible avec un changement rapide.

Des grands arbres, passons au sujet des migrations de notre propre espèce dues à des évolutions climatiques : sécheresses récurrentes, désertification en cours, montée des eaux pour des populations littorales, disparition de ressources… Tous ces facteurs génèrent des mouvements de populations importants. Tout d'abord, signalons que ce n'est pas nouveau et que nos ancêtres européens confrontés à l'installation d'une période glaciaire ont bien dû migrer vers le Sud ; que lors de la désertification du Sahara vert il y a un peu plus de 5 000 ans, après un épisode humide et fertile qui avait débuté 6 000 ans auparavant, ses habitants ont été dans l'obligation de se déplacer. Déjà à l'époque, la perte d'une certaine biodiversité, la perte de services écosystémiques étaient des facteurs de migration et de migration non choisie. Certes, cela se déroulait de manière graduelle sur des périodes longues de l'ordre du millénaire, mais les causes étaient les mêmes. C'est pourquoi aujourd'hui le rôle de la conservation et de la préservation de la biodiversité, des équilibres des écosystèmes est très important si l'on veut faire en sorte de limiter ce type de migrations. D'un point de vue froidement économique, préserver la qualité des environnements est une forme d'investissement qui réduira à terme les coûts induits par les migrations. Car les migrations ont un coût pour les personnes qui sont contraintes de migrer comme pour celles qui les accueillent. Au passage, faut-il franchir un pas de plus et voir un lien entre climato-négationnisme et rejet des migrants ? Nier le changement climatique est non seulement irresponsable sur le plan environnemental, mais pourrait offrir en outre un prétexte commode à certains pour voir dans les migrants climatiques des « envahisseurs ». D'ailleurs, que cela plaise ou non n'est pas vraiment le sujet : les migrations environnementales risquent fort d'exercer une pression accrue sur les régions tempérées ou fraîches dans les décennies qui viennent.

Le mur se rapproche

Une autre image pour clore cette partie. En dépit de diminutions d'abondance, si l'on regarde objectivement les atteintes à l'écosystème planétaire, on est assez loin de l'équivalent d'une des cinq crises majeures. Le chemin qu'il reste à parcourir par rapport aux grandes crises du passé pour atteindre la barre des 75-80 % d'extinctions est long. L'amplitude de la crise semble encore limitée. En revanche, la pente, qui donne la vitesse, indique que cela va très, très vite. Je ne peux qu'insister sur la rapidité avec laquelle nous précipitons la planète dans des déséquilibres majeurs. Jamais, par le passé, la biosphère n'a plongé aussi vite en direction d'une crise : aujourd'hui de l'ordre de cent à mille fois plus rapide. Si l'on fait une analogie avec un véhicule lancé sur une route et devant lequel se trouverait un mur, le véhicule Terre est certes loin du mur, mais il s'y dirige à une vitesse considérable. Donc la bonne nouvelle c'est que l'on est loin, sous réserve qu'un effet de seuil ne nous fasse pas sortir de la route; la mauvaise c'est que l'on va beaucoup trop vite. Une autre bonne nouvelle c'est que nous le savons et que, comme la catastrophe n'est pas là, nous pouvons corriger le tir ; la mauvaise nouvelle, c'est qu'il faut agir sans perdre un instant et que nous ne semblons pas y être déterminés.

Partie V

Comment rectifier le tir ?

Notre responsabilité d'*Homo sapiens*

Alors, comment rectifier le tir ? Malheureusement, je ne sais pas, je n'ai pas la clef. On voit bien que les conseils que l'on peut donner sont des banalités : fermez le robinet l'eau lorsque vous vous brossez les dents, ne jetez pas vos mégots par terre, utilisez moins de plastique, etc. Ils véhiculent pourtant un message subliminal fort : chaque individu peut agir !

Il faut insister sur les comportements individuels à mobiliser. Que chacun se pose la question en son âme et conscience chaque matin : ai-je besoin de prendre ma voiture ? Ai-je besoin de changer de téléphone ? La réponse négative n'est pas une obligation vertueuse, il s'agit simplement de s'interroger. Cela passe par un exercice de prise de conscience, la conscience que chaque geste, même modeste, compte. Pourquoi ? Simplement parce qu'un geste minime multiplié par un grand nombre d'individus finit par produire un effet important. Conduire ses enfants à l'école en voiture représente en moyenne un parcours de 500 mètres, sans parler du stationnement en double file devant le groupe scolaire. Si 20 millions de familles européennes le pratiquent chaque matin, ce qui est sans doute sous-estimé, cela pèse pour 10 millions de kilomètres par jour d'école ; je vous fais grâce des retours. Pourtant, il y a 50 ans, tous les enfants allaient à l'école à pied, ce n'était pas concevable autrement. Vous allez objecter que le monde a changé… et que l'on ne va pas revenir à l'âge des cavernes. Mais, au moins, sachons nous poser la question car, par simple arithmétique, on voit bien que le nombre compte. Une multitude de petits gestes peut se révéler très importante.

Mais il ne faut pas non plus s'arrêter de vivre. J'ai un ordinateur, je me nourris, je me déplace, je m'autorise des plaisirs qui ne sont pas tous vertueux. Parce que si je pousse le raisonnement trop loin, il faudrait que j'arrête de me chauffer, de me laver trop souvent, de manger de la viande, de consommer tout légume qui ne serait pas local, de me déplacer autrement qu'à pied et surtout de me reproduire. Malgré cette liste infernale, je continuerais à avoir une empreinte, à respirer, à me nourrir. Seul le suicide, solution ultime, permettrait de mettre un terme à cet impact, solution que je déconseille avec la plus grande vigueur, d'autant que je n'ai aucune velléité à me l'appliquer. Il y a donc des limites qui sont celles de l'acceptable et cet acceptable n'est pas le même pour tous. Un dernier conseil pour la route, si je puis dire, il faut éviter de se défausser en arguant que le voisin se comporte mal. L'excuse souvent entendue : « Les Chinois le font alors ce n'est pas la peine que je me casse la tête » n'est pas un argument recevable. En réalité, la bonne démarche est de motiver son semblable, de convaincre son voisin en gardant en tête que ce qui vaut pour l'un ne vaut pas nécessairement pour l'autre. Que l'un peut être vertueux pour une chose A et pas pour un acte B, que cela peut être l'inverse pour l'autre… Bref, que le monde est complexe et nuancé. Il convient de l'admettre et de rester tolérant en sachant qu'il reste une marge de progrès pour rendre nos comportements plus compatibles avec la préservation de la planète.

Derrière les actions que nous pouvons entreprendre se cache la gratification que nous en espérons. Bien sûr, pas une gratification explicite, mais une sorte de retour sur investissement : si je fais cet effort, sera-t-il visible et à quelle échéance ? Il faut bien admettre que deux contextes se font face. En ce qui concerne le réchauffement climatique, on est sur du global et sur du long terme. La contrainte que je m'impose ici et maintenant en limitant mes déplacements ou en réduisant mon chauffage voit son impact dilué dans l'atmosphère et mes enfants en verront le bénéfice dans 30 ou 50 ans. Alors, même si l'argument est spécieux, on peut dire que ça ne sert à rien, que cela nous dépasse, que mon effort est annihilé par l'indiscipline des autres. À l'inverse, la biosphère a des capacités de résilience étonnantes et de relativement court terme tant qu'un seuil critique n'est pas dépassé, référence faite à la poutrelle de la tour Eiffel. Lorsque l'on agit en cessant d'exercer des pressions trop importantes, en changeant nos pratiques, les effets en deviennent perceptibles ici et en peu de temps. J'aime prendre pour exemple un ami qui a des prairies en Bretagne. Il a mis sous forme de jachère intelligente une parcelle et laissé une prairie naturelle s'y installer. Les fleurs prolifèrent et en très peu d'années sont apparus un nombre fabuleux d'insectes. Les plages de Maya Bay en Thaïlande ont été fermées au public pendant plusieurs mois. L'effet a été très rapide pour les espèces les plus mobiles et les petits requins à pointe noire sont revenus croiser à proximité du rivage. La région de Tchernobyl, vidée de présence humaine depuis 1986, est devenue un cas d'étude exemplaire. Flore et faune y ont repris leurs droits. La végétation s'est emparée des bâtiments et des routes, les animaux de poil, de plume ou autre se sont multipliés à tel point que des partisans du nucléaire en font un argument de vente. Le constat est en effet inattendu et de nombreuses espèces ont réussi à s'acclimater aux radiations, même si différentes anomalies génétiques, des tumeurs, des dysfonctionnements immunitaires ou du système de reproduction ont été constatés. D'ailleurs, lorsqu'on leur pose la question, ces thuriféraires du nucléaire ne se porteraient pas volontaires pour s'y installer à demeure avec leurs enfants ou petits-enfants. On peut ajouter l'expérience récente des animaux sauvages qui ont investi nos espaces urbains pendant le confinement de 2020 : sangliers à Cannes, pumas en Argentine, manchots au Cap… Tout cela pour dire que la biodiversité réagit vite et bien et que nous pourrions en profiter pour faire évoluer les paysages sinistres et mortifères de certaines grandes plaines agricoles en y réinstallant haies et bosquets de manière mesurée, compatible avec le maintien d'activités agricoles rentables. Et c'est bien l'avantage par rapport au climat où les causes et les conséquences sont diluées à une échelle mondiale et où notre action individuelle demeure invisible. Tandis que du côté de la biodiversité, très égoïstement, nous pouvons profiter des bénéfices de nos actions rapidement, pour nous-mêmes. Cet intérêt individuel et proximal devrait représenter une motivation supplémentaire. Si l'on agit sur les plaines agricoles du bassin d'Aquitaine, ses habitants en verront très directement les effets.

La politique des petits pas

Matinale de France Inter, 28 août 2018, Nicolas Hulot annonce qu'il quitte le gouvernement. Désenchanté, désabusé, fatigué, il renonce. Constatant la faiblesse des résultats obtenus, si ce n'est l'impuissance de son action face à l'urgence des problèmes écologiques, il lance un cri d'alarme. Derrière la difficulté du combat politique engagé, derrière les désillusions ressenties se dresse une interrogation majeure, celle de la stratégie à adopter pour inverser la tendance. Après avoir prôné la politique des petits pas, il dresse un constat d'échec et pousse un coup de gueule, appelant à complètement changer de braquet. Sur le fond, je pense qu'il a totalement raison, il faudrait radicalement changer, mais sur la manière d'atteindre le but, sur l'acceptabilité des changements nécessaires, je reste plus sceptique. Je demeure convaincu que la progressivité, l'inflexion des tendances sont la seule voie envisageable. Qu'il n'y a pas le choix, sauf à courir le risque d'un raidissement des sociétés et des gouvernants contre les mesures prises ou à prendre, raidissement dont on perçoit les effets chez Jair Bolsonaro ou Donald Trump qui se complaisent dans les dénis les plus assumés, comme dans les mouvements des bonnets rouges ou des gilets jaunes en France. Posture politique d'États souverains pour les uns, agrégation de préoccupations individuelles pour les autres. On retrouve là deux niveaux d'action, ou en l'occurrence d'inaction, celui du collectif national ou international et celui de la prise de conscience individuelle.

Même si pour faire face à l'urgence de la situation un changement radical serait préférable, il faut admettre qu'il n'est pas envisageable et encore moins envisagé, du moins tant que l'urgence ne nous aura pas rattrapés. En attendant, le changement doit arriver à passer par l'éducation et l'instruction, famille par famille, ville par ville, région par région, pays par pays. Enfants et adolescents sont un espoir, acceptons le pari que leur sens des responsabilités sera plus aiguisé que celui de leurs aînés. Les générations montantes sont les plus concernées car ce sont elles qui seront confrontées aux conséquences les plus lourdes de nos actes ; elles devraient donc se montrer les plus sensibles et les plus déterminées à agir. Sauront-elles peser suffisamment pour allier des moments politiques forts comme l'a été la COP 21, même si la suite a été décevante, à des implications individuelles largement partagées ? En attendant, il faut une politique pragmatique et pratique : celle des petits pas dont tout le monde parle maintenant.

On ne peut pas pour autant abandonner la piste d'une implication politique à l'échelle nationale et internationale. Les grandes décisions ont un impact et il en faut aussi. Si, au niveau de l'État, les options retenues vont dans le sens d'un changement de mode de fonctionnement, des règles de pêche, des règles d'exploitation de nos forêts, des règles concernant l'agriculture et l'urbanisation, on peut en espérer des impacts importants. Il existe de vraies questions liées à l'énergie, aux transports, à l'eau, au nucléaire, à l'agriculture qui sont des enjeux à la hauteur de l'action publique.

Dimension internationale

J'aimerais rapidement évoquer l'échelle internationale, pas celle des transports qui parcourent la planète, mais celle de la régulation, ou plus souvent de l'absence de régulation, voire de prérogatives contraires à ce que le bon sens rangerait dans le droit des populations à vivre dans un environnement choisi.

Je ne m'étendrai pas sur les traités commerciaux internationaux, souvent de libre-échange, que tout le monde a en mémoire : le CETA entre le Canada et l'Union européenne, l'ALÉNA entre les trois pays d'Amérique du Nord, l'ASEAN entre pays d'Asie du Sud-Est… Les accords se tissent en tous sens et participent à la mondialisation, donc à l'accroissement des flux de transport des marchandises, donc à la dégradation du bilan carbone, sans parler des difficultés et drames sociaux qu'ils engendrent. De tels accords ne datent pas d'hier, même s'ils sont bien plus nombreux aujourd'hui : accord de 1082 qui exempte les marchands vénitiens de droits de douane dans l'empire byzantin, ligue hanséatique au Moyen

Âge, traité franco-anglais de 1860… Avantages et inconvénients de tels traités sont connus et, vu de la fenêtre de la santé de la planète, leur effet est négatif : « climaticide » pour reprendre le terme de Nicolas Hulot. D'autant plus négatif que certains lobbies anti-environnementaux s'en emparent pour faire pression sur les États, y compris des États puissants qui se trouvent pris dans les mailles juridiques de ces filets internationaux. Les traités comportent en effet des dispositions permettant à des entreprises de poursuivre des États si elles s'estiment lésées par des mesures qui leur seraient défavorables (mécanisme d'ISDS pour *Investor State Dispute Settlement*). C'est, entre autres, la manière dont les dispositifs de règlement des différends entre investisseurs et États étaient rédigés qui avait conduit la Wallonie à refuser de signer le traité CETA de libre-échange avec le Canada ; traité signé depuis, bien que non encore ratifié par l'ensemble des États membres de l'UE.

En 2011, à la suite de la catastrophe de Fukushima, l'Allemagne décide de mettre progressivement à l'arrêt ses centrales nucléaires. Décision légitime d'un État souverain. Mais l'entreprise suédoise Vattenfall qui exploitait une centrale amenée à fermer ne l'entend pas de cette oreille. S'appuyant sur un traité, la Charte européenne de l'énergie, elle se retourne contre l'État allemand au titre que les mesures prises étaient contraires à ses intérêts et aux investissements qu'elle avait réalisés. Des tractations dont les modalités ont été tenues secrètes ont été menées pour définir le dédommagement dû à l'entreprise qui estimait le litige à plus de 3 milliards d'euros. Deux argumentaires se font face : le droit d'un État à légiférer et à faire évoluer sa réglementation *versus* les investissements consentis par une entreprise dans un cadre donné. Si l'on peut entendre qu'un changement brutal des règles du jeu puisse pénaliser une entreprise et qu'il est juste qu'elle en demande réparation, il est inadmissible qu'une dérive pernicieuse s'installe et que le moindre petit obstacle juridique à empêcher d'entreprendre soit sujet à indemnisation. Pour prendre un exemple concret que j'espère encore fictif, il ne faudrait pas que l'interdiction, prise par la France, de l'exploitation du gaz de schiste sur son territoire soit prétexte pour une entreprise, disons d'outre-Atlantique, à demander des contreparties financières au motif suivant : vous m'empêchez d'exploiter, ce que j'ai le droit de faire dans le cadre des accords passés entre nos deux pays, donc je vais vous poursuivre pour atteinte à la libre pratique de mon activité avant même d'avoir commencé à l'exercer. Car, *in fine*, ce seraient les États, et donc leurs citoyens, qui en feraient les frais, entraînant un recul de la démocratie.

Angleterre, un peu après l'an mil. Forêts et pâtures sont un bien commun librement accessible aux populations qui vont y puiser le bois nécessaire pour se chauffer et cuisiner et y font paître leurs troupeaux. L'accroissement de la population pendant la période faste de l'optimum climatique médiéval, avant les grandes pestes et la guerre de Cent Ans, fait que bois et pâtures finissent par s'épuiser. Histoire véridique ou apocryphe, elle a contribué à faire naître le concept de « tragédie des communs » qui stipule que lorsqu'une ressource est livrée à tous sans règles, elle finit par s'épuiser. Aujourd'hui, les ressources communes les plus importantes sont celles qui se trouvent sur des territoires localisés en dehors de ceux soumis à des juridictions nationales : zones polaires et océan du large. La question du niveau de régulation à mettre en place est portée à l'agenda international avec une urgence d'autant plus grande que les ressources s'épuisent ou que de nouveaux champs d'exploitation s'ouvrent à des appétits peu soucieux d'environnement. Balayons quelques exemples.

La fonte des glaces en Arctique ouvre la porte à des exploitations inenvisageables il y a encore peu. Les ressources présumées de cet océan attisent les convoitises, conduisant la Russie à y planter symboliquement son drapeau à plus de 4 000 mètres de profondeur en août 2007.

Devant la chute vertigineuse des effectifs des grands cétacés, un moratoire de la pêche à la baleine (en réalité aux baleines car plusieurs espèces étaient concernées) a été décidé en 1986 par la Commission baleinière internationale (CBI). Japon, Norvège, Pérou et URSS s'y opposent, puis le Japon s'y rallie, mais… bien que s'attirant les blâmes du reste du monde, bien que suscitant les actions coup de poing de *Greenpeace* et de *Sea Shepherd*, le Japon poursuit néanmoins ses prélèvements sous couvert de recherches scientifiques. Puis, en 2019, le Japon décide de reprendre la chasse commerciale dans sa zone économique exclusive (ZEE) des 200 milles nautiques ; la Norvège l'avait largement précédé en 1993. Quand on sait le nombre d'années nécessaires pour que se fabrique un kilogramme de viande de baleine, l'on mesure l'ineptie de ce genre de pêche. Moralité : le niveau de contrainte de décisions, pourtant largement partagées, est bien faible face à la volonté déterminée de quelques-uns de passer outre. Heureusement, la majorité ayant accepté le moratoire, les effectifs de baleines dans l'océan Austral sont repartis à la hausse, notamment ceux des baleines à bosse et des baleines de Minke.

Restons dans le grand Sud, pour évoquer plus largement l'Antarctique et l'océan Austral qui l'entoure. Le 1er décembre 1959 était signé à Washington le traité sur l'Antarctique qui s'applique au-delà du 60e parallèle. Un accord international construit en pleine Guerre froide dont l'article 1er disait : « Seules les activités pacifiques sont autorisées dans l'Antarctique » et dont l'article 4 précisait qu'aucune revendication de souveraineté territoriale nouvelle – les précédentes de la France, du Chili, de l'Angleterre… restant en l'état – ne pouvait être émise pendant la durée du traité. En 2016, une évolution du traité incluait l'interdiction d'exploitation commerciale des ressources minérales de l'Antarctique. De quoi trouver une petite dose d'optimisme dans le fourmillement des accords internationaux.

L'océan du large est depuis toujours, du moins depuis qu'il est devenu accessible à l'humanité, une zone de liberté pour y exercer diverses activités commerciales, en premier lieu la pêche hauturière. Les Nations unies éditent des résolutions sur les filets à utiliser, les stocks… mais rien n'est véritablement contraignant et la proportion d'espèces de poissons surexploitées ou exploitées au maximum de leur maintien est désormais de 93 % (chiffres de la FAO pour 2015). Qui aura le privilège de sortir le dernier espadon de la mer ?

Mais que se prépare-t-il au fond de l'eau ? Le sous-sol des continents a été exploité depuis quelques millénaires comme en attestent les mines romaines de plomb, d'étain ou de cuivre qui jalonnaient l'Empire. Cette exploitation s'est intensifiée au cours des siècles et, pour certains éléments, la demande dépasse l'offre. La technologie aidant, l'idée de se tourner vers les ressources minérales profondes de l'océan fait son chemin. Les nodules polymétalliques des plaines abyssales sont connus depuis la seconde partie du XIXe siècle : riches en fer et manganèse, ils constituent une ressource abondante qui recèle aussi du nickel, du cuivre et du cobalt. Or la convention de Montego Bay de

1982 considère les fonds marins au-delà des plateaux continentaux comme une zone qui doit échapper à toute appropriation et être « exploitée dans l'intérêt de l'humanité tout entière ». Il était prévu que l'exploitation se ferait sous le contrôle d'une entité dénommée « Autorité / *Authority* », embryon de gouvernement mondial sur l'économie de vastes surfaces de la planète. On se doute qu'une telle générosité, acceptée à l'époque, avait de quoi hérisser le poil de certains. Plusieurs États technologiquement avancés ont ainsi négocié en 1994 des aménagements de la convention en faveur d'opérateurs, États ou consortiums *ad hoc* constitués par des États. D'ores et déjà, des concessions ont été accordées sous le contrôle de l'*International Seabed Authority* comme dans le secteur de Clarion-Clipperton dans le Pacifique oriental. Il faut dire que la masse totale de nodules polymétalliques de cette seule zone est estimée à 34 milliards de tonnes, soit, pour certains éléments comme le cobalt, le manganèse ou le nickel, plus que ce que recèlent les réserves continentales. Pour en rester à un strict point de vue environnemental, l'exploitation des nodules reviendra à racler le fond avec un aspirateur géant qui rejettera en pluie la vase et fera remonter les nodules vers un navire minéralier. L'écosystème benthique de la plaine abyssale sera tout simplement labouré. Les plaines nodulifères sont vastes et des secteurs à préserver sont prévus. On peut donc penser qu'une recolonisation des zones dévastées pourra se faire à partir de ces réserves dans la phase qui suivra l'exploitation.

Ce n'est pas réjouissant, mais pas gravissime. En revanche, ce qui est gravissime, ce sont les appétits déclarés d'exploiter les encroûtements des monts sous-marins pour leurs cobalt, titane, platine..., ainsi que les sources hydrothermales pour leurs sulfures riches en cuivre, zinc, cobalt, or, argent, sélénium... Toutes sortes de bonnes choses que l'on retrouve notamment dans nos téléphones portables ou dans les batteries des véhicules électriques. Or ces environnements ont mis des dizaines de milliers d'années à se former. Ils sont également restreints spatialement et hébergent des faunes que l'on ne trouve pas ailleurs : endémisme des monts sous-marins, spécificité des écosystèmes hydrothermaux fondés sur la capacité de bactéries à avoir un métabolisme tirant directement son énergie d'éléments chimiques comme le soufre. Exploiter de tels environnements reviendrait à exploiter les oasis du Sahara pour leur bois.

Une conférence intergouvernementale des Nations unies a été lancée fin 2017 pour traiter de la question de la biodiversité au-delà des zones de la juridiction nationale (ce qui, en anglais, donne le sigle BBNJ). Saura-t-elle freiner notre voracité ?

Un Comité du commerce et de l'environnement a été institué en 1994 par l'Organisation mondiale du commerce (OMC). Ce Comité « est chargé d'examiner les relations entre le commerce et l'environnement et de faire des recommandations au sujet des modifications qu'il conviendrait *peut-être* d'apporter aux accords commerciaux ». Je me suis permis de souligner le peut-être qui en dit long. Les préoccupations environnementales ne sont pas encore au sommet de la pile des priorités de l'OMC.

Ce dernier constat ne me laisse pas entrevoir un véritable espoir, car il donne le sentiment que la sauvegarde de la santé de notre planète passe après le reste et que ses partisans sont condamnés à être toujours sur la défensive.

Aspects économiques

Toute mesure de préservation des environnements, qu'elle soit directe ou indirecte via un changement de pratique, qu'elle concerne le climat ou la biodiversité, a des conséquences économiques, souvent taxées de contraintes pesantes, notamment à court terme. Je ne remets pas en cause ces analyses économiques car toute contrainte engendre un fardeau, il ne faut pas le nier. Mais, à l'inverse, extraire de la balance les apports de pratiques vertueuses vis-à-vis de l'environnement n'est pas correct non plus. Il convient de tout considérer et si possible de le faire en se projetant sur plusieurs décennies. Nous avons sur un plateau de la balance le coût induit par des régulations, limitations, normes environnementales… qui représentent des coûts matériels et salariaux, et sur l'autre plateau les activités, souvent de proximité, que génère le respect de l'environnement, sans omettre, bien que moins visible, le maintien de la qualité des services que nous rend la biodiversité. Enfin, on oublie souvent d'inclure dans cette équation les externalités négatives, englobant tout ce qui est externe quoique lié à l'activité, comme exposé dans le chapitre consacré à la santé. Je rappelle que, sous un angle purement économique, le coût en santé publique des transports en Europe pèse pour environ 500 milliards d'euros par an.

Pour aller un cran plus loin dans cette réflexion, abordons le sujet du PIB qui sert encore de référence à de très nombreux économistes, même si d'autres estimateurs, comme la qualité de vie, tendent à émerger depuis quelques années. Une étude de 2012 a analysé la relation entre le PIB de différents États des États-Unis et le nombre d'espèces en danger qu'ils abritent. Et qu'a-t-on découvert ? Qu'il existe une corrélation entre la richesse d'un État et le nombre d'espèces en danger. Cela signifie que les paramètres qui fondent le calcul du PIB sont incomplets parce qu'ils n'intègrent pas le capital naturel. La méthode est biaisée, car plus le capital naturel est érodé, consommé, mis à mal, plus le PIB croît. Un levier honnête, que l'on devrait utiliser pour concilier croissance et préservation de la biodiversité, serait de mesurer la croissance à l'aide d'un PIB vert qui inclurait les coûts environnementaux des activités économiques, une idée lancée il y a plus de 10 ans. La difficulté est qu'il n'existe pas de prix pour nombre de dégradations environnementales : comment apprécier le coût de la destruction d'un paysage que nous avions plaisir à contempler ; à combien se monte le manque à gagner dû à la disparition d'une parcelle boisée qui rafraîchissait les alentours en été ; que vaut la destruction d'un récif froid à 800 mètres de profondeur dont une espèce aurait pu livrer une molécule thérapeutique ? Nous en sommes réduits à accorder un prix estimatif à des choses qui par essence n'en ont pas. Le regretté Jacques Weber, patron de l'Institut français pour la biodiversité, disait : « *La Joconde* a une immense valeur, mais elle n'a pas de prix », même si des estimations à deux, puis à cinquante milliards d'euros ont été proposées depuis. Il en va de même pour les espèces. La cible à atteindre serait de fonder un indicateur de richesse qui ne soit pas seulement économique. À ce titre, un PIB vert, qui intégrerait les impacts sur la planète, signifierait que celui de la Chine serait médiocre, que celui du Brésil serait désastreux, parce que ces pays sont en train de rogner leur capital environnemental. Tout hectare d'espace naturel détruit ou altéré devrait être décompté négativement, toute action de protection ou de ré-ensauvagement positivement.

Néanmoins, il reste encore un long chemin à parcourir, surtout lorsque l'on se souvient de la diatribe : « Je voudrais [...] dire un mot de toutes ces questions d'environnement parce que là aussi, ça commence à bien faire », phrase lourde de signification prononcée le 6 mars 2010 au Salon de l'agriculture par Nicolas Sarkozy, président de la République. Derrière l'agacement que l'on devine, se cache une ignorance de ce qu'apportent les environnements, ces fameux

« services écosystémiques ». Pourtant, l'affaire n'est plus depuis longtemps confinée dans les mains de quelques écologistes rêveurs, de nombreux économistes se sont penchés sur la question et produisent des estimations. Dans une logique comptable, certes loin d'être idéale, mais la seule que notre système économique et même social comprend – et je ne cherche là à stigmatiser personne –, des prix ont commencé à être attribués à des services écosystémiques. Depuis une vingtaine d'années, les économistes tentent de conférer une valeur monétaire à ce que sont ou font les environnements naturels, apports presque invisibles qui donnent le vertige tant les chiffres avancés paraissent énormes. Une prise de conscience qui a poussé certains États, dont la France en 2016, à inscrire le préjudice écologique dans le Code civil. Le Fonds monétaire international, que l'on ne peut pas soupçonner de connivence avec les écologistes militants, estimait qu'une seule baleine apportait à la planète un bénéfice de 1,8 million d'euros en piégeant du carbone. Le record appartient aux pollinisateurs dont la contribution pourrait avoisiner les 500 milliards d'euros par an, soit plus que le budget de beaucoup de pays. Rien qu'en France, le ministère en charge de l'environnement chiffre leur apport entre 2,3 et 5,3 milliards d'euros soit, chaque année, le coût d'un porte-avions nucléaire. Merci abeilles et consorts. Le puits de carbone naturel généré par la biodiversité pèse pour un équivalent monétaire annuel se comptant en dizaines de milliards d'euros. Au total, ce serait l'équivalent de plusieurs milliers de milliards d'euros par an qu'offrirait la biosphère à l'humanité. De quoi faire passer les impacts économiques des crises de 2008 et 2020 pour anecdotiques. À une tout autre échelle, une jolie histoire plus surprenante, voire inattendue. Les Anglais font appel aux castors pour endiguer les inondations. Ces gros rongeurs ont été réintroduits sur divers cours d'eau de Grande-Bretagne. En effet, les barrages des castors contribuent à retenir les eaux et à réduire les effets de crues brutales, notamment estivales, qui risquent de devenir plus fréquentes avec le développement d'épisodes extrêmes dus au changement climatique.

Enfin, pour terminer avec une autre curiosité, évoquons les loutres marines du Pacifique qui ont fait l'objet en 2020 d'un chiffrage économique sur une année. Au Canada, dans l'île de Vancouver, les loutres marines ont été réintroduites et protégées. Elles se régalent de crabes et d'oursins ce qui engendre une perte de 7,3 millions de dollars canadiens (CA$) pour les pêcheries. Par ailleurs, la présence des loutres favorise le développement des grandes algues laminaires habituellement broutées par les oursins. Ces algues abritent tout un écosystème favorable à de nombreuses espèces et, en bout de chaîne trophique, de poissons fort appréciés des consommateurs, en premier lieu la morue lingue, qui prolifèrent à nouveau et qui rapportent un excédent commercial de 9,4 millions de CA$. Ces algues piègent aussi du CO_2 pour une valeur estimée à 2,2 millions de CA$. Au total, la balance penche en faveur des loutres pour 4,3 millions de CA$ annuels, sans compter le regain de l'écotourisme qui rapporterait 42 millions de CA$. Vive les loutres ! Un exemple très instructif qui montre que des liens complexes, directs ou indirects, unissent les composantes de l'écosystème littoral de l'île de Vancouver et que la restructuration écologique va de pair avec un bénéfice économique et un glissement de l'organisation sociale (moins de pêcheurs d'oursins, plus de ventes de poissons et des services d'accueil pour les touristes).

Poussons encore d'un cran en admettant que nous soyons sur la voie d'un changement de modèle, ou au minimum d'une inflexion de notre modèle dominant, modèle installé depuis des millénaires et fondé à divers degrés selon les lieux et les époques, sur la propriété et donc sur la production et les échanges commerciaux. Quels en seraient les signes précurseurs ? Un terme est apparu et s'est diffusé très rapidement dans le monde des entreprises, celui de RSE qui, en clair, signifie « responsabilités sociétales des entreprises » et qui inclut explicitement l'environnement dans son cadre réglementaire amplifié par la loi Pacte de 2019. L'objectif affiché est double : d'une part réduire les impacts environnementaux d'activités préexistantes, d'autre part développer de nouvelles activités en lien avec la protection de l'environnement (économie circulaire, énergie propre, circuits courts...). Toutefois, diverses attitudes peuvent se cacher derrière ce sigle. Une première est un affichage purement opportuniste qui cherche à verdir superficiellement les activités de l'entreprise, sans rien changer par ailleurs. C'est le « green washing » anglo-saxon. Telle lessive qui met en avant son éco-efficacité alors que le produit ne répond pas aux labels selon l'observatoire indépendant de la publicité, telle société qui installe quelques fleurs devant son siège… À l'inverse, certaines sociétés s'engagent avec volontarisme dans des démarches écoresponsables, telle cette société de traitement de déchets ou ces aéroports qui aménagent leurs sites pour mieux préserver la biodiversité, qui pratiquent des inventaires à des fins de suivis temporels. La plupart sont au milieu du gué, avec une volonté sincère de s'engager, mais sans trop bousculer l'ordre de leurs priorités. L'objectif sera atteint lorsque biodiversité et environnement ne seront plus des sujets annexes auxquels l'entreprise s'intéresse une fois qu'elle a accompli toute son activité de base et qu'il lui reste quelques subsides à lui consacrer, mais lorsque ces sujets seront intégrés en amont dans sa stratégie, au même titre que sa gestion financière ou l'entretien de son patrimoine immobilier. Toutefois, ne boudons pas notre plaisir quand on voit en 2020 une trentaine d'investisseurs financiers s'unir pour plaider l'intégration des impacts sur la biodiversité dans leurs choix d'investissements. C'est bien d'un véritable changement de paradigme qu'il s'agit.

Pour prétendre à ce changement, la prise de conscience environnementale des entreprises est nécessaire mais pas suffisante. Il faut aussi arriver à sensibiliser les publics, à faire comprendre la nécessité de l'action sans dépasser un seuil de rejet qui risque d'ouvrir la porte au populisme et à des retours en arrière. Car pour avancer vers un troisième cran, reste un obstacle de taille : quelles seraient les conséquences de l'intégration du coût des externalités dans le prix des produits ou des services ? Qui les prendrait en charge, le consommateur ? Mais sommes-nous prêts ? Sans doute pas, en tout cas pas à n'importe quel niveau et certainement pas tous. Encore une fois, nous sommes en plein paradoxe. Pour le moment, on dresse des constats mais sans aller au bout de la logique, en rejetant le coût de l'action, ce qui nous amène à parler de l'acceptabilité des évolutions à consentir.

L'acceptabilité

L'écologie est un enjeu qui nous concerne tous, de près ou de loin, à brève ou moyenne échéance, et ce serait lui intenter un mauvais procès que d'en faire une zone de fracture. Toutefois, nous pouvons constater au niveau des États, des entreprises comme des citoyens que l'effort consenti, lorsqu'il existe, reste limité et souvent en deçà de ce qui serait nécessaire.

L'effort commence là où commence la différence entre le superflu et l'essentiel. Ne plus avoir de téléphone portable, est-ce une mutilation ? Moi le premier, j'aurais du mal à vivre sans, même si je m'en suis passé pendant des années pour la simple raison que ces appareils n'existaient pas. L'Agence internationale de l'énergie (AIE) souligne que l'engouement pour les SUV annihile les gains réalisés sur les moteurs d'autres véhicules ; sommes-nous prêts à y renoncer ? On vit avec un fatras de choses qu'on nous vend pour indispensables, mais le sont-elles vraiment ? Jusqu'à quel point sommes-nous prêts à accepter de nous séparer de certaines ? Il n'existe que des réponses individuelles et, n'étant pas moi-même exemplaire, je me garderai bien de culpabiliser qui que ce soit. Ce serait trop facile.

L'effort consenti est également étroitement lié au prix à payer pour se procurer tel service ou tel produit. Nous l'avons vu dans le chapitre consacré aux transports, de gigantesques masses de marchandises circulent en tous sens ; j'ai pu relever sur un simple bocal de cornichons que, après avoir poussé en Europe de l'Est, ils avaient été conditionnés en Allemagne et vendus en France. Un jour ou l'autre, nous avons tous été amenés à faire ce genre de constat, confinant à l'absurde. Pourtant, la solution n'est pas hors de portée, c'est simplement que notre système est incapable de s'autoréguler de manière à se positionner sur « raisonnable ». Resterait la contrainte de rendre le coût du transport prohibitif : multiplions par dix le prix des carburants ! Impossible, impensable bien sûr et pas seulement parce que ce serait insoutenable pour la grande majorité – si demain, le plein d'essence coûtait 700 euros, ce serait vraiment la révolution – mais aussi car toutes nos chaînes d'approvisionnements, y compris les plus vitaux, reposent sur les transports. Donc, même si les transports sont trop bon marché pour que la planète fonctionne de manière harmonieuse, il n'existe pas d'alternative globale acceptable. Seule une inflexion des habitudes de consommation vers du plus local est à notre portée et aura un effet à terme.

À une échelle collective, l'actualité de 2018-2019 a montré qu'il existait un véritable sujet sur l'acceptabilité sociale des efforts qu'il est possible de faire pour l'environnement et qu'au-delà d'un certain seuil, la dictature de l'environnement peut devenir complètement insupportable. Rappelons qu'une hausse de 6 centimes sur le prix du gasoil a provoqué une quasi-révolution en France. La crise des gilets jaunes a révélé que le chemin qu'il nous restait à parcourir pour attaquer de front les questions environnementales resterait encore semé d'embûches pendant longtemps. J'ai entendu sur les ondes des propos tels que « entre les ours blancs et mes petits-enfants, je choisis mes petits-enfants ». Évidemment, cela s'entend et n'importe quels grands-parents aimants tiendront ce discours, mais il faut comprendre que c'est un unique et même problème. Les facteurs qui provoquent la disparition des ours blancs sont précisément ceux qui vont rendre la planète très inconfortable pour les générations à venir. Ce ne sont pas les ours blancs qu'il faut préserver à tout prix, quoique ce serait bien de le faire aussi, mais un climat qui permette leur survie et donc des conditions de vie décentes pour nos petits-enfants en 2070 ou 2100. Néanmoins, on a vu que le slogan : « On nous parle de fin du monde, quand nous, on parle de fin du mois » a su évoluer en quelques semaines vers : « Fin du mois, fin du monde, même combat », attestant une vraie prise de conscience et démontrant que si l'on ne se préoccupe pas de la fin du monde, elle va finir par arriver et on ne se souciera plus guère d'avoir bien vécu les derniers mois.

On peut ajouter que le problème ne se résume pas à une question de coût et que les inégalités ne sont pas uniquement financières, en tout cas pas directement. Elles portent plus insidieusement sur le temps disponible. Qui, habitant une grande ville, peut consommer local en se ravitaillant sur un marché ? Plus les moyens financiers dont dispose un citadin seront importants, plus il sera en capacité de dégager du temps, de s'acheter du temps en quelque sorte, et plus il pourra le faire. Un banlieusard habitera rarement à proximité d'un marché, n'aura pas le temps de s'y rendre et, donc, ira dans la grande surface la plus proche où l'on saura lui proposer des tomates en hiver plus chères que les endives de saison qu'il aurait trouvées sur le marché. Sans entrer dans le débat politique, la question est avant tout celle d'une juste répartition des efforts. Tentons de déterminer ce que chacun peut faire, à l'aune de sa situation personnelle, ni plus, ni moins.

Partie VI

Face à nous-mêmes

L'Homme, responsable et victime

La véritable originalité de la crise actuelle est que, pour la première fois, une espèce en est la cause. Et cette espèce, nous la connaissons fort bien, elle se nomme *Homo sapiens*. Une espèce très abondante qui a dépassé les 7,8 milliards d'individus. Une espèce volumineuse, la taille standard d'un être vivant sur Terre étant celle d'une bactérie. Et même en mettant de côté les micro-organismes et en ne considérant que les animaux, leur taille médiane est celle d'un petit insecte. Une espèce qui se déplace beaucoup, ce qui amplifie son impact ; un chêne est bien plus imposant, mais il ne se déplace pas et donc, *in fine*, occupe moins de place. Observés avec le regard d'un animal ordinaire, nous sommes nombreux, gros, et nous bougeons. Notre impact n'en est que plus fort et cela suscite l'interrogation : Où allons-nous ? Question qui est au cœur du parcours du musée de l'Homme.

Tout en étant responsable de ce qui est en train d'arriver, l'Homme risque, en dépit de sa technologie, d'en être une des victimes les plus emblématiques. Tout simplement parce que nous sommes une espèce fragile. Nous avons dû admettre il n'y a pas si longtemps que nous ne sommes pas plus évolués que les autres espèces, mais il n'en demeure pas moins que nous sommes une espèce complexe, voire très complexe, et la complexité est source de fragilité. Prenons une comparaison avec des instruments donnant l'heure. Un cadran solaire est simple, il donne l'heure, certes pas de manière extraordinairement précise, mais il la donne et il est robuste, craignant peu les chocs. Une montre perfectionnée donne aussi l'heure, de manière considérablement plus précise, mais elle est beaucoup plus fragile. Un exemple très concret est celui de l'épidémie de sida qui s'est répandue dans les années 1980. Le sida est causé par un virus qui se propage de manière limitée, par transmission sexuelle, et qui s'en prend à notre système immunitaire. Imaginons une seconde que le sida se soit transmis comme la grippe, supputons le nombre de morts que cela aurait pu provoquer… Les victimes se seraient très probablement comptées en centaines de millions. La Covid-19 vient de nous en donner un modeste petit aperçu car sa létalité est très en deçà de celle du sida. Notre technologie, dont nous sommes si fiers, a mis une douzaine d'années pour trouver une parade partielle contre le sida ! Il a fallu 3 ans rien que pour identifier le virus responsable, puis près de 15 ans de recherche pour que l'épidémie soit tant bien que mal maîtrisée, avec la trithérapie. Et pourtant, qu'est-ce que ce minuscule et insignifiant virus comparé à nous, grande espèce humaine ?

Sortir du dualisme

Tenter de redresser le tir comme débattu dans les chapitres qui précèdent est certes nécessaire, mais cela ne peut pas se faire hors d'une réflexion qui conduise à nous interroger sur ce que nous sommes et sur nos relations avec le reste de la planète. Si j'emploie la formule « reste de la planète », ce n'est pas par coquetterie de langage, mais pour souligner que le dualisme Homme-Nature est une fausse piste longtemps suivie par l'humanité.

Copernic et Galilée ont déchu la Terre de son statut de centre de l'univers, Darwin a démis *Homo sapiens* de son statut à part des autres animaux, les classifications d'aujourd'hui l'ont fait descendre du sommet de l'arbre de l'évolution qui est devenu un buisson sphérique. Cette géométrie impose que nous soyons séparés de notre ancêtre commun à tous, un certain LUCA (pour *Last Universal Common Ancestor*), par la même distance temporelle qu'une souris, un insignifiant ver de terre ou un radis. Notre autopositionnement au « sommet » est une erreur de perspective née de l'impression qu'un chemin mène de LUCA à *Homo sapiens*. Mais si j'étais un ver de terre pourvu de conscience, j'aurais tout autant l'impression d'un chemin qui mène vers moi, *Lumbricus terrestris*. Toutes les espèces actuelles peuvent ainsi prétendre être sur leur propre « sommet ». Cela revient à dire que nous ne sommes pas plus évolués qu'une souris, un insignifiant ver de terre ou un radis. De quoi dégringoler de notre échelle ! Certes, nous ne sommes pas plus évolués, mais ça ne veut pas dire que nous ne soyons pas plus complexes. Il faut comprendre la dynamique d'une trajectoire évolutive comme une série d'emboîtements, à l'image de poupées russes où chaque poupée dévoilée afficherait de nouvelles caractéristiques. Nous sommes des animaux, au sein des animaux, des vertébrés, des tétrapodes… des mammifères, des primates… Des caractéristiques nouvelles sont apparues tout au long de notre histoire depuis LUCA et ce type de trajectoire vaut pour toutes les espèces. Il ne s'agit donc pas de nier notre part animale, nous restons des animaux, mais pour autant, nous avons développé des caractéristiques particulières. Notre complexité tient à cette histoire évolutive : notre physiologie, nos mécanismes cérébraux sont élaborés, ce qui fait que nous sommes plus compliqués qu'une moule, mais pas beaucoup plus qu'un chat.

En dépit de tout cela, nous nous sommes longtemps perçus comme extérieurs et supérieurs au reste de la dauphin est capable de se reconnaître dans une glace à un âge plus précoce que ne le fait un jeune humain par exemple, mais son emprise sur la planète est très mesurée. De notre côté, autre spécificité, nos outils ou nos actions fondent une relation avec le reste de la planète particulièrement intense. Voilà pourquoi la conscience de notre emprise, en tant qu'espèce, nous impose une responsabilité. En termes imagés, on dira que *Homo sapiens* est une espèce « adulte », censée être responsable de ses actes, qui devrait méditer sur l'article 1240 du Code civil qui stipule : « Tout fait quelconque de l'homme, qui cause à autrui un dommage, oblige celui par la faute duquel il est arrivé à le réparer. » Alors retroussons-nous les manches et réparons ce qui doit l'être. Notons que ces dernières phrases touchent à la limite du rejet du dualisme, certes biologiquement exact, mais au moins partiellement faux sur un plan éthique car son rejet total nous exonérerait de toute responsabilité. Nous y reviendrons.

nature. D'un côté il y avait nous, et de l'autre tous les autres. Mais de leur point de vue, les si belles marguerites auraient tout aussi bien pu se considérer comme à part des autres et même au-dessus des autres. La réalité est que si chaque espèce a ses propres caractéristiques, *Homo sapiens* compris, toutes jouent leur partition en interaction avec ce qui est leur « reste de la planète ». Si l'on tentait une analogie avec le football, longtemps l'Homme s'est cru en position d'arbitre ou d'entraîneur, il regardait les autres joueurs, i.e. les espèces, et il imposait les règles, de fait *ses* règles. Mais nous faisons partie des joueurs, nous sommes sur le terrain parmi les autres et nous commençons à subir les effets de nos propres règles. Pourtant, le dualisme Homme-Nature n'est pas encore sorti de l'esprit de beaucoup d'entre nous, sans doute parce que l'anthropocentrisme est une pente naturelle tout comme nous disons facilement « les gens sont ceci ou sont cela » sans vouloir admettre que nous ne sommes jamais que les gens des autres. Il en va de même avec la Nature, nous sommes dedans, nous en faisons partie intégrante. Nous sommes dans le jeu !

Pour autant, cela ne veut pas dire qu'on ne tienne pas une place particulière dans ce système ; en fait tout le monde tient une place particulière, chaque joueur est spécifique et joue sa propre partition. En ce qui concerne notre partition, elle repose sur la conscience d'exister et la conscience de nos actes. Bon, d'autres espèces ont aussi conscience d'elles-mêmes, un

Deux postures

Face aux constats que nous avons dressés, deux postures fort différentes sont envisageables. Vision manichéenne un peu caricaturale, à laquelle il convient certes d'apporter des nuances, mais qui recouvre assez bien les points de vue dominants adoptés. La première consiste à faire preuve de cynisme en prenant beaucoup de recul, la seconde à s'interroger en prenant un peu de recul.

Nous sommes au Cambrien moyen, il y a plus de 500 millions d'années, dans une mer peu profonde peuplée d'animaux bizarres et très divers. Parmi eux, *Pikaia gracilens*, petit animal vermiforme, assez insignifiant, dont les descendants rencontreront pourtant un immense succès évolutif. Si les conditions du Cambrien moyen n'avaient pas permis la survie de *Pikaia* et si son évolution subséquente avait été modeste, nous n'en parlerions pas. Mais voilà, parmi les descendants de *Pikaia*, il y a nous et tous les autres vertébrés. Cette petite histoire pour dire que, depuis des centaines de millions d'années, le cours de l'évolution est jalonné par l'émergence de caractères innovants. Rétrospectivement, on peut tracer des trajectoires passant par une série d'innovations qui se succèdent chronologiquement. Ainsi, au bout de la série d'innovations qu'ont été la colonne vertébrale (vertébrés), quatre membres munis de doigts (tétrapodes), un doigt opposable aux autres doigts (primates), un cortex cérébral très développé (hominidés) se trouvent les grands singes, les australopithèques et les hommes anciens et modernes. Chez ces derniers, l'évolution a conduit à l'émergence d'une bipédie permanente associée à un cerveau très performant qui autorise des capacités d'apprentissage et d'abstraction ayant permis un essor technologique exponentiel (le feu, la roue, le moteur à explosion, le Rubik's Cube, etc.). On peut donc parfaitement considérer que le développement technologique inventé par notre cerveau n'est que le prolongement d'une dynamique évolutive qui nous dépasse et nous dédouane ainsi de toute responsabilité. Et après tout, les fourmis font des fourmilières, les castors des barrages, les lapins des terriers et les Hommes des immeubles, des routes, des herbicides, des bombes… L'impact que ces choses peuvent avoir sur le reste de la planète, eh bien, c'est une fatalité évolutive.

Un érable dont une branche écrase la tête d'un passant n'a pas conscience qu'il soit inconvenant de s'en prendre à la tête de quelqu'un. À l'inverse, notre développement intellectuel qui engendre la technologie nous permet aussi d'avoir un regard distancié par rapport à nos actions et à leurs conséquences. Sont-elles bonnes ou mauvaises ? Si cette question est au cœur des relations entre humains et fonde la vie en société, si elle s'étend à nos animaux domestiques, elle est longtemps restée en suspens dès lors qu'il s'agissait du reste de la biodiversité. La seconde posture revient à rebondir sur cette question et à interroger notre rôle sur Terre.

Cette interrogation doit nous amener à trancher si l'on doit infléchir ou pas notre comportement. Le premier argument est celui d'avoir conscience de nos actes et se dire : A-t-on le droit de détruire ce qui a mis des millions d'années à se construire, d'accepter que nos petits-enfants ne connaissent la neige, les éléphants ou les ours que par des archives, en ayant parfaitement conscience de le faire ? Nous avons un contrat éthique vis-à-vis des générations futures. Nous avons hérité d'une planète plutôt en bon état avec un certain nombre d'espèces qui la peuplent. Et cela nous oblige. Il nous incombe une vraie responsabilité.

Le second argument est que si nous initions une crise majeure, notre espèce risque de ne pas y survivre, d'en être la prochaine victime. La diversité de la vie est notre assurance-vie. Si nous ne la conservons pas, nous nous condamnons. Donc, pour des raisons purement égoïstes nous pouvons nous interroger sur notre avenir. Je n'ai en revanche aucune inquiétude pour l'avenir de la vie sur Terre. C'est pour l'avenir de l'Homme que l'on peut se faire du souci. Il y aura toujours des bactéries, des virus, des champignons ou des animaux qui survivront à la crise. Tant qu'il y aura de l'eau liquide, il y aura de la vie sur Terre. La question est : Avec ou sans nous ?

La première posture, cynique, consiste en un rejet total et complet du dualisme. Nous serions tellement en nature que tous nos actes le seraient aussi et, donc, il suffirait de regarder les dés rouler. La seconde posture revient à injecter une part de dualisme. À partir de là, tout est affaire de choix et de dosage, plus rien n'est vraiment blanc ou noir. Notre intelligence et les moyens qu'elle nous donne, le potentiel d'action qui est le nôtre permettent soit de respecter des distances, de laisser sa place à la nature sauvage (ou presque), soit de se voir capables de gérer la planète afin d'avoir la maîtrise, le contrôle de tout : nos actions, leurs conséquences…

Arrogance

Une tentation du dualisme est de se laisser griser par notre technologie et de s'engager sur un chemin technoprogressiste, technophile, où l'on considérerait le reste de la planète comme une chose que l'on pourrait modeler à notre guise, répondant ainsi à nos besoins d'espace, de matières premières… en dépassant la crise de la biodiversité. Certains n'hésitent pas à prétendre gérer la planète et sa biodiversité de manière rationnelle. Et avec une dose de perversité, ils proclament : on va jardiner la planète et, pourquoi pas, transformer les océans en aquarium, montrez-nous que c'est impossible. Pardon, mais il faut renverser la charge de la preuve. C'est à eux de nous démontrer que c'est possible et pas seulement avec des arguments comme : cela fait 10 000 ans que l'agriculture existe, que l'on jardine la Terre et ça marche très bien. Désolé, mais c'est oublier un peu vite que les surfaces anthropisées, y compris celles dévolues à l'agriculture, sont restées proportionnellement très réduites pendant des siècles. Sans oublier non plus que le modèle agricole a changé et que, rien qu'en France, 750 000 kilomètres de haies qui laissaient une part à la faune sauvage ont disparu depuis 1950. D'autant que l'expérience que l'on a de ce jardinage n'est pas si formidable. On pourrait citer l'île de Pâques où la destruction des ressources naturelles d'un monde fini (l'île) associée à des variations environnementales a conduit à l'effondrement d'une civilisation pourtant florissante. Cette île couverte de forêts a été rendue peu habitable sous les effets conjugués de la croissance démographique, d'une déforestation intense et de petites fluctuations climatiques. On oppose aux scientifiques des allégations futuristes mais qui ont peu d'assise et restent de l'ordre de l'incantatoire. Il y a une malhonnêteté intellectuelle à se projeter sur la manière dont on pourrait contrôler les écosystèmes. Une bonne illustration est celle du projet *Biosphère 2*. Engagé au milieu des années 1980, ce projet avait pour ambition de reconstituer une mini-planète fonctionnelle, permettant la vie humaine sur une surface d'environ un hectare enfermée dans une grande bulle. L'idée était de préparer le terrain pour une future station martienne. Installée dans le désert de l'Arizona et malgré la grande qualité de la réflexion scientifique ayant présidé à sa conception, *Biosphère 2* n'a pas répondu aux espoirs de ses promoteurs car, au bout d'un an, certains écosystèmes artificiels se sont dégradés, il a fallu injecter de l'oxygène et fournir de la nourriture aux huit personnes qui s'étaient prêtées à l'expérience. Très compliqué de faire fonctionner une mini-planète sur la durée.

Un autre argument est qu'il suffirait de choisir les « bonnes » espèces à conserver et négliger les autres, quitte à courir le risque de leur extinction. « Chers scientifiques, faites-nous une liste des espèces à conserver et, s'il faut une liste longue, rallongez-la, ce n'est pas un problème, nous saurons nous en accommoder. » La seule réponse intelligente à cette demande est : « Toutes. » La molécule thérapeutique de demain viendra sans doute d'une espèce inattendue. Un travail récent a démontré que le paramètre lié à la pollinisation qui influence le plus le poids et l'absence de malformation des fruits n'est pas la richesse en espèces des pollinisateurs ni leur abondance, mais leur diversité phylogénétique, à savoir leur degré d'éloignement dans leur généalogie évolutive. Impossible à deviner a priori, donc impossible de savoir quelles espèces garder dans chacun des milliers d'écosystèmes de la planète.

Nous devons également lutter contre notre tentation de surpuissance qui nous incite à penser : « Regardez à quelle vitesse s'accroissent nos connaissances, il n'y a pas de problème insoluble, dans dix ans, trente ans, nous aurons tout compris, tout résolu. » Ce serait faire injure à la complexité de la planète et de sa biosphère. Si la description du monde macroscopique est raisonnablement bonne, celle du microscopique est encore balbutiante comme nous le démontrent les études des sols, des canopées ou de l'océan. Quant au fonctionnement des systèmes biologiques, de la cellule aux écosystèmes, nous sommes loin du compte. La mesure de notre ignorance devrait nous rendre modestes dans nos stratégies de préservation de la biodiversité.

Les grands entrepreneurs, les hauts fonctionnaires qui éclairent puis mettent en œuvre la décision politique, sortent pour la plupart du moule uniformisant des grandes écoles, fleurons de la formation de nos élites. L'esprit brillant et vif, habitués à penser le monde comme des systèmes d'équations, ils raisonnent sur le vivant comme sur un problème à gérer. Ils l'abordent comme une machine sur laquelle il suffirait d'actionner un levier, de presser quelques boutons pour en obtenir les réactions escomptées. De fait, nous sommes capables de construire des systèmes d'une extraordinaire complexité, à l'image de la station spatiale ISS qui, soit dit en passant, me fascine et me remplit d'admiration. Mais, capables de réaliser l'ISS, nous avons tendance à projeter le fonctionnement, la logique organisationnelle de tels systèmes sur le monde qui nous entoure. Si cela peut, à l'extrême rigueur, et encore avec des limites, s'appliquer à des systèmes naturels non biologiques (montagnes, rivières, vagues déferlantes...), c'est totalement irréaliste dès lors qu'il s'agit de la vie.

Pendant plusieurs décennies, disons entre 1955 et 2005, nous avons cru que comprendre le fonctionnement intime de nos cellules, décrypter les génomes allaient nous permettre de tout appréhender. Quelle erreur ! Quelle vision mécanistique ! C'était oublier qu'à chaque niveau d'organisation, gènes, cellules, organes, organismes, populations, communautés, écosystèmes, émergent des propriétés nouvelles non déductibles de ce qu'il se passe au niveau sous-jacent. C'était oublier que le génome n'est pas un manuel de construction d'un être vivant, que l'image si souvent reprise de programme génétique est trompeuse. Le séquençage complet du génome humain au tournant du siècle nous en a administré la preuve : des millions ont été dépensés dans cette belle aventure scientifique en laquelle nous placions d'immenses espoirs, mais peu de résultats tangibles en ont été issus. Certes, plusieurs maladies ont été bien cernées, mais les prédictions étaient beaucoup trop optimistes. Le réductionnisme génétique a ses limites. Les cellules, les interactions entre les cellules, les interactions entre les organes, les circonstances que rencontre un organisme en formation et ultérieurement au cours de son existence font que des chemins divergents peuvent être pris et qu'ils ne sont pas déductibles du seul « patrimoine » génétique.

Ainsi, il est illusoire et prétentieux de penser que nous allons tout contrôler. D'ailleurs, à chaque fois que nous avons essayé, même à petite échelle, force est de constater que nous nous sommes trompés. Rappelons les cas de créatures OGM échappant à leur maître, manipulations hasardeuses ayant abouti à des résultats imprévus. Le pari est extrêmement dangereux. Nous vivons, et le reste de la biosphère avec nous, dans un système qui est grosso modo installé depuis 30 millions d'années et qui remonte à l'époque où la Terre entrait dans une nouvelle période relativement froide de son existence. Ce système est en homéostasie, affichant une certaine stabilité avec toutes les espèces adaptées aux contingences de cette longue période. Et l'on prétend en fabriquer un nouveau qui fonctionnerait mieux. Mais les mages qui prophétisent cela n'apportent pas le moindre élément de preuve que ce serait possible. Toucher au vivant, espérer le manipuler restera à chaque fois un saut dans l'inconnu, simplement parce que le vivant a une étonnante capacité à évoluer là où on ne l'attend pas. N'ayons pas l'arrogance de penser le contraire.

Se prendre pour des démiurges

Des questions environnementales et éthiques fort sérieuses touchent à la manipulation génétique autorisée par de nouvelles techniques. Depuis peu, le terme ésotérique de CRISPR-Cas9 est sorti du cercle fermé des généticiens. Souvent qualifié de « ciseaux génétiques », CRISPR-Cas9 est une technique assez facile à mettre en œuvre et peu coûteuse qui permet de couper l'ADN à un endroit déterminé et d'y injecter un autre fragment sélectionné pour telle ou telle fonction.

Cette technique offre des possibilités énormes et permet d'envisager de produire de multiples organismes génétiquement modifiés (OGM) qui, comme il se doit, seront brevetés et rapporteront de précieux dividendes à certains au détriment de beaucoup d'autres. D'ailleurs, des essais ont récemment été faits sur des animaux, par exemple aux États-Unis, pour produire des vaches dépourvues de cornes afin d'éviter qu'elles ne se blessent (en fait avec une technique un peu moins élaborée que CRISPR-Cas9). Mais jouer aux apprentis sorciers réserve des surprises et l'on a constaté qu'un gène « clandestin » avait profité de la manipulation génétique pour s'introduire dans le génome de ces bovins. Or ce gène confère aux bactéries qui viendraient à infecter les vaches une résistance aux antibiotiques. Cela est d'autant plus regrettable que d'autres méthodes de sélection classique, certes plus lentes, existent pour obtenir des vaches sans cornes. On pourrait même envisager d'y avoir recours pour « bricoler » des espèces sauvages qui nous conviennent : des guêpes qui ne piquent pas, des orties indolores… avec le risque quasi avéré de complètement déstabiliser les écosystèmes. Ce n'est pas de la science-fiction. En 2021 et en dépit des alertes des environnementalistes, la Floride prévoit de relâcher 750 millions de moustiques génétiquement modifiés, dotés d'une protéine qui sera létale pour leur descendance femelle qui est ciblée car les femelles sont les seules à piquer.

Mais, *Homo sapiens* étant un mammifère, les ciseaux génétiques de CRISPR-Cas9 ouvrent un champ immense pour notre propre espèce, de thérapie génique bien sûr, mais pas seulement. La possibilité de modifier des embryons humains est tentante dès lors qu'il s'agit de corriger des malformations ou des dysfonctionnements majeurs. Tout un chacun serait le premier à le souhaiter pour son propre enfant. Néanmoins, on perçoit bien que les limites pourraient vite être repoussées. Nous disposons de capacités de détection et désormais de correction. Jusqu'où est-il souhaitable de s'en servir ? Doit-on arrêter une liste de malformations ou de dysfonctionnements majeurs ? Quelle définition donner à cet adjectif « majeur » ? Comment avancer collectivement sur des appréciations qui portent désormais sur des différences de degré et non plus de nature ? Jusqu'où aller ? Les limites sont poreuses et certaines options écartées aujourd'hui peuvent devenir acceptables demain. La porte vers un futur eugénisme bien-pensant et à la carte sera-t-elle ouverte ? Pourra-t-on décider du sexe, de la couleur de peau, des yeux et de la taille de notre enfant ? Mais sera-t-il alors encore le nôtre si nous l'avons « fabriqué » à partir d'un catalogue d'options génétiques ? Ne pourrait-il pas, une fois adulte, nous reprocher les options choisies ? Cela pose plus globalement la question de notre part d'humanité.

Sommes-nous entrés dans l'Anthropocène ?

Dans la foulée de notre propension à nous décréter au-dessus du reste de la nature, l'Anthropocène, terme de plus en plus populaire dans les médias, est symptomatique. Il a été forgé par Paul J. Crutzen, prix Nobel de chimie, et par Eugene Stoermer, biologiste, pour caractériser une nouvelle subdivision géochronologique : celle qui aurait débuté vers la fin du XVIIIe siècle avec la machine à vapeur de James Watt, à moins que ce ne soit vers le milieu du XIXe siècle avec la révolution industrielle, autrement dit au moment où les activités humaines ont commencé à avoir un impact global sur la planète, ou encore avec la première explosion atomique en 1945. L'Anthropocène succéderait ainsi à l'Holocène qui a commencé après le dernier glaciaire vers 12 000 ans. Je reste néanmoins sceptique sur ce concept et considère qu'il est prématuré de faire de l'Anthropocène une nouvelle ère géologique comme c'est souvent dit. Utiliser le terme « ère » est pour le moins un abus, voire un non-sens. En géologie, qui est le domaine scientifique auquel se réfèrent Crutzen et Stoermer, ce terme est dévolu à désigner des périodes très longues de l'histoire de la Terre comme le Mésozoïque ou ère Secondaire, le Cénozoïque ou ère Tertiaire. Si la référence est faite à l'Holocène comme le suggère leur racine étymologique commune, il conviendrait de parler d'époque Anthropocène, le terme « époque » désignant des subdivisions plus fines des temps géologiques. Certes, cela est moins prestigieux. Même avec cette correction qui n'est pas de pure forme, je persiste à penser que ce serait exagéré et prétentieux. Ma position vient sans doute de ma formation de géologue et de ce que je connais de la difficulté à définir une unité géochronologique qui ait une signification universelle. Ayons la patience d'attendre 10 000, 50 000 ou 100 000 ans pour voir où en sera la planète. Si alors on s'aperçoit qu'effectivement il y a eu un bouleversement majeur, il sera temps d'en faire une époque géochronologique. Si d'aventure notre espèce s'était autodétruite entretemps, de futures espèces intelligentes pourraient utiliser sa disparition comme marqueur d'une nouvelle époque.

En attendant, à mes yeux, nous vivons une période de l'Histoire, comme le Moyen Âge ou la Renaissance avec les grandes découvertes. Simplement, cette période historique peut être envisagée de manière plus globale car elle signe un bouleversement de notre relation à la planète. Mais n'ayons pas la prétention d'en faire tout de suite une unité des temps géologiques, ne jouons pas au démiurge qui se croit fort au point de poser son nom sur une nouvelle ère ou époque géologique.

Ce cadre étant fixé, je dois dire que je trouve ce concept d'Anthropocène fort utile car il permet de mettre un nom sur une réalité : l'implication inédite de l'Homme dans des bouleversements importants de la planète. Débarrassé de sa connotation de subdivision des temps géologiques, j'en suis un ardent défenseur.

La tragédie des horizons

Bien que notre esprit permette de nous en échapper, nous sommes un jouet entre les deux infinis de Pascal. Coincés dans les échelles de temps et d'espace de notre quotidien, nous avons beaucoup de mal à nous en écarter et à prendre la mesure de ce que représentent d'autres grandeurs.

Le temps de notre quotidien est celui de la journée, du mois, de l'an prochain. Il peut être celui de nos proches, de leur naissance ou de leur disparition, ce qui nous projette sur quelques décennies. Au gré de notre intérêt pour l'histoire, nous nous penchons sur quelques siècles, mais pour l'immense majorité d'entre nous, le temps de l'univers, de la Terre, n'est pas celui des Hommes.

La profondeur de l'histoire de la vie sur Terre est vertigineuse. Elle se déroule sur 3 800 millions d'années. On constate que c'est beaucoup : 3 800 000 000 d'années ! Mais pour saisir ce que vaut ce « beaucoup », une analogie est indispensable. Rapportons

3 800 millions d'années à une année de notre vie ordinaire, qu'observe-t-on ? Le 1er janvier signe le début de l'histoire de la vie, le 31 décembre à minuit correspond à aujourd'hui. Sur cette année, les grands dinosaures s'éteignent le 24 décembre à 18 h 00, notre espèce *Homo sapiens* fait irruption le 31 décembre à 23 h 18 et le calendrier chrétien débute ce même 31 décembre à 23 heures 59 minutes et 40 secondes. Autrement dit, notre histoire depuis les pharaons tient à l'aise dans la dernière minute de l'année.

Perchés sur ces quelques dernières secondes de l'histoire de la vie sur Terre, certains se permettent de déclarer : « Ne vous inquiétez pas, on va tout arranger, réorganiser la planète à notre main et lui montrer qui pilote… » Pourtant, cette analogie devrait avoir la vertu de nous apprendre la modestie, à nous qui, en l'espace de ces quelques secondes, nous sommes ingéniés à détruire ce qui avait mis tant de temps à se construire. À présent, l'équilibre de la vie vacille par notre faute. Le capital que nous épuisons a mis 3 800 millions d'années à s'accumuler. Attention à ne pas le dilapider !

Restons humbles face à cette profondeur historique, bien qu'elle rende si difficile notre appréhension des bouleversements en cours. D'un côté, l'unité de compte des temps géologiques est le million d'années, celle des espèces couvre des dizaines de milliers d'années, celle des écosystèmes va de quelques décennies – le temps que repousse une forêt après un incendie – au millénaire – le temps qu'une goutte d'eau, emportée par la circulation des grands flux océaniques, fasse le tour de la Terre. De l'autre côté, les *traders* manipulent leurs flux financiers dans la seconde. Cette superposition d'échelles, qui s'écartent de notre perception quotidienne et de notre ressenti, nous place dans une position inconfortable, celle que l'on désigne par « tragédie des horizons ».

On a déjà fait allusion à la formule devenue virale : « On me parle de la fin du monde, moi je parle de la fin du mois. » On mesure bien comment, n'ayant pas les mêmes horizons temporels, il devient difficile de les hiérarchiser. Le temps du banquier va de la seconde à quelques années. Quand on lui suggère de penser plus loin, l'injonction est inaudible car il est dans l'incapacité de se projeter sur le siècle à venir. L'horizon politique, l'horizon environnemental, l'horizon d'un industriel, sont sur des pas de temps trop différents. Les tensions qui traversent nos sociétés plongent parfois leurs racines dans cette tragédie des horizons.

Le même basculement des échelles se manifeste aussi pour l'espace. Nous sommes en capacité d'explorer l'intime de la matière à l'échelle des atomes, quarks ou neutrinos tout en braquant nos instruments sur les confins de l'univers. Tout comme pour le temps, il est extrêmement difficile de sortir de nos échelles spatiales ordinaires, en gros celles de notre taille, le mètre, et de nos déplacements, le millier de kilomètres. Cet aveuglement trouve un écho chez les plus optimistes, habités d'une foi inébranlable en la technologie humaine. On annonce régulièrement qu'une autre « Terre » graviterait autour d'un autre « Soleil » quelque part dans notre galaxie. Il suffirait, à l'image de Christophe Colomb, de nous y rendre et de nous y installer.

Il est exact qu'en 2016 les astronomes ont découvert une planète assez semblable à la Terre : Proxima B dans le système de Proxima du Centaure, étoile proche de la nôtre dans la Voie lactée. Une voisine en quelque sorte.

Prenons la sonde *New Horizon* comme référence de véhicule spatial. Cette sonde a voyagé à 58 000 km/h en direction des frontières du système solaire. Ce faisant, elle a mis neuf ans avant de survoler Pluton, et les ondes radio qu'elle émettait mettaient 4 h 30 à nous parvenir.

Les mêmes ondes mettent 55 ans à aller vers Proxima B ! Toute proportion gardée, cela voudrait dire que le voyage durerait 960 000 ans ! En réalité bien moins, car la trajectoire vers Pluton n'a pas été directe ; à la vitesse de *New Horizon*, on pourrait aller sur Proxima B en quelques dizaines de milliers d'années, soit entre 300 et 700 générations de 30 ans chacune… Mais soyons audacieux et imaginons que nous devenions capables de nous propulser à la vitesse des ondes radio. Il faudrait encore deux générations pour y aller. Un astronaute parti à l'âge de 25 ans arrivera pour son 80e anniversaire.

Soyons futuristes et vraiment très audacieux en imaginant un voyage en hibernation partielle, un atterrissage impeccable. Tout va bien, notre astronaute n'a vieilli que de quinze jours, six mois ou un an et il part en exploration. Mais là, ses problèmes commencent car Proxima B n'est pas exactement la Terre. Cette planète ne tourne pas sur elle-même, donc elle a un côté très chaud et un côté très froid avec une bande intermédiaire qui sera la seule habitable. Par ailleurs, elle est plus volumineuse que la Terre, la gravité y est donc plus forte. Qui dit gravité plus forte, dit difficulté à se mouvoir. Autant il est possible de porter un lourd scaphandre et de se lester sur la Lune ou, un jour, sur Mars, autant on peut difficilement s'alléger. Il faudra donc disposer d'une aide à la mobilité sous peine de se retrouver plaqué au sol. Nos os et nos muscles fragilisés par le voyage en apesanteur – après six mois dans l'International Space Station, Thomas Pesquet tenait à peine debout – seront soumis à rude épreuve. L'écrasement touchera aussi notre respiration. Même si l'air de Proxima B avait une composition idéale pour nous, nos muscles respiratoires seraient trop faibles pour équilibrer la pression externe d'une atmosphère plus épaisse. La gravité fera aussi que notre cœur aura les plus grandes difficultés à propulser le sang chargé d'irriguer notre cerveau. Ce serait aussi sans doute un voyage sans retour car il faudrait, pour en repartir, construire une fusée extraordinairement puissante et disposer de beaucoup de carburant pour s'arracher à la pesanteur de Proxima B. Où sont les volontaires ?

Il faut être réalistes, garder les pieds sur terre et accepter ce que nous sommes, une espèce biologiquement adaptée de manière fine et précise à son environnement, la Terre, troisième planète du système solaire. À moins de trouver une improbable sphère bleue strictement jumelle et de disposer d'un moyen de transport tout aussi improbable pour nous y rendre, aucune échappatoire n'existe. Alors arrêtons de rêver.

Il n'y a pas de planète B !

REMERCIEMENTS

Un livre est rarement une entreprise solitaire, en particulier celui-ci qui plonge ses racines plus ou moins loin dans une histoire personnelle. Dans mon cas, tout a sans doute commencé par une enfance bercée d'histoire naturelle, mais ce sont surtout les rencontres nouées au fil d'un parcours de chercheur, puis de président du Muséum national d'histoire naturelle, qui ont forgé un ensemble de connaissances dont ce livre est la cristallisation.

Permettez-moi d'inverser la chronologie et de commencer par la fin en remerciant en tout premier Anne Akrich, qui joua à merveille le rôle d'une oreille attentive, m'écoutant dans une profusion de paroles qu'elle contribua grandement à organiser. Merci à Christophe Bataille, par qui tout a commencé, et à Olivier Nora qui a su m'accorder sa confiance. J'ai pu abuser parfois de leur patience car un auteur est souvent en retard sur sa feuille de route.

Divers échanges, dans le cercle proche du Muséum, ont contribué à fortifier ma pensée. Guillaume Lecointre, Frédérique Chlous, Gaël Clément, Jian-Sheng Sun,

Jean-Denis Vigne et bien d'autres furent souvent les inspirateurs de tel ou tel paragraphe par des propos échangés sur l'état de la planète, la plupart du temps de manière impromptue, au détour d'une sortie de réunion dans une allée du Jardin des Plantes.

David Navaro assura une double lecture avec une précision chirurgicale, pointant chaque faiblesse du texte. Historien de formation, il a ainsi endossé avec talent le rôle indispensable de premier lecteur soi-disant « naïf », mais pas tant que cela.

Dans d'autres cercles, des échanges improvisés et non prémédités avec Allain Bougrain-Dubourg, Nicolas Hulot, Gilles Boeuf ou le regretté Jacques Weber à Paris, Chantal De Ridder et Alain Préat à Bruxelles, Rich Mooi à San Francisco ont, sans nul doute, à leur manière participé à ce livre.

Des inspirations plus lointaines viennent de mon chemin parcouru au CNRS, dans le cadre du laboratoire *Biogéosciences*, à l'Université de Bourgogne, et de tous les collègues que j'ai pu y croiser.

Enfin je n'oublierai pas mon fidèle compagnon de route dans plusieurs aventures scientifiques, Patrick De Wever, sans qui tout cela n'aurait jamais existé.

Table

Partie I
La biodiversité, qu'est-ce que c'est ?

Partie II
Quel usage faisons-nous de la planète et de sa biodiversité ?

Partie III
Qu'est-ce qu'une crise de la biodiversité ?

Partie IV
Sixième extinction : mythe ou réalité ?

Partie V
Comment rectifier le tir ?

Partie VI
Face à nous-mêmes

PAPIER À BASE DE FIBRES CERTIFIÉES

Le Livre de Poche s'engage pour l'environnement en réduisant l'empreinte carbone de ses livres. Celle de cet exemplaire est de :
250 g éq. CO_2
Rendez-vous sur www.livredepoche-durable.fr

Composition réalisée par Belle Page

Achevé d'imprimer en février 2022 en Espagne par
BLACKPRINT
Dépôt légal 1re publication : mars 2022
LIBRAIRIE GÉNÉRALE FRANÇAISE
21, rue du Montparnasse – 75298 Paris Cedex 06

48/8796/5